全国高职高专化学课程"十三五"规划教材

无机化学实训
（第二版）

主　编　朱圣平　朱明发

副主编　江英志　吴　云　钟桂云　李邦玉
　　　　周鸿燕　吕晓姝　李　晶

参　编　孙　坤　王文忠

U0370398

华中科技大学出版社

中国·武汉

图书在版编目(CIP)数据

无机化学实训/朱圣平,朱明发主编. —2 版. —武汉:华中科技大学出版社,2018.11(2022.8 重印)

全国高职高专化学课程"十三五"规划教材

ISBN 978-7-5680-4743-2

Ⅰ.①无… Ⅱ.①朱… ②朱… Ⅲ.①无机化学-实验-高等职业教育-教材 Ⅳ.①O61-33

中国版本图书馆 CIP 数据核字(2018)第 266382 号

无机化学实训(第二版) 朱圣平 朱明发 主编

Wuji Huaxue Shixun

策划编辑:王新华

责任编辑:王新华

封面设计:刘 卉

责任校对:刘 竣

责任监印:周治超

出版发行:华中科技大学出版社(中国·武汉) 电话:(027)81321913

　　　　　武汉市东湖新技术开发区华工科技园 邮编:430223

录　　排:华中科技大学惠友文印中心

印　　刷:武汉科源印刷设计有限公司

开　　本:787mm×1092mm 1/16

印　　张:9.75

字　　数:228 千字

版　　次:2022 年 8 月第 2 版第 3 次印刷

定　　价:28.00 元

华中出版

内容提要

本书为全国高职高专化学课程"十三五"规划教材。

全书包括以下内容：①无机化学实训的基本知识；②无机化学实训的基本操作与技能训练；③化合物及化学反应特征常数的测定；④无机化合物的制备；⑤元素及其化合物的性质；⑥研究设计性实训；⑦趣味实训。各部分选择的实训突出综合性、应用性，并能适应多层次教学的需要。其中，趣味实训部分还可以供教师在指导学生开展各种趣味实训及化学游艺会时选用。不同专业可根据需要选择自己所侧重的内容。

本书可作为高职高专院校化学、制药、环境、生物等专业的无机化学实训课教材。

第二版前言

　　实训教学是培养学生创新能力和优良素质的有力手段,无机化学实训在化学专业基础实训课中,占有一定比例,起着很重要的作用。随着化学科学的迅速发展,无机化学实训的课程设置和教学内容亟须更新,以满足培养 21 世纪"工学结合"应用型人才的需要。

　　无机化学实训是高职高专院校化学、制药、环境、生物等专业的基础实训课,是后续专业课程的实训教学的基础。通过实训教学,可巩固、验证和加深对无机化学基本概念和基本理论的理解。通过加强无机化学实训内容中基本操作技能的训练,使学生逐步学会对实训现象进行观察、分析、判断和归纳总结,培养学生认真求实的科学态度和独立工作及解决问题的能力。

　　为了体现高职高专院校的培养目标和教学实际,满足化学、制药、生物、环境等不同的专业需要,在编写本书时注意了以下四点。

　　(1) 实训内容和课堂教学紧密联系,以应用为目的,以"必需、够用"为准则,加强动手能力的培养,适应实践性教学的需要。所选实训内容各院校基本上都能完成。

　　(2) 实训内容重点为无机化合物的制备、提纯和化学反应特征常数的测定,加强了理论与实际的联系,充分体现了化学的应用性。通过加强实训操作基本技能的训练,可提高学生解决实际问题的能力。

　　(3) 培养学生独立学习和工作的能力。本书安排了研究设计性实训,在实训内容中,教师可根据实训的基本内容提出指导性的建议,对实训的现象或结果均不作具体的描述,需要学生自行设计实训方案,观察实训现象,对现象作出解释或给出结论。

　　(4) 根据无机化学实训内容的特点和要求,将全书分成基本操作训练、常数测定、无机化合物的制备与提取、元素的性质实训和设计实训、趣味实训等。各部分担负着不同的教学任务,它们既相对独立又互相联系,在教学的整体安排上按照循序渐进的原则,基本操作训练由浅入深,由易到难,由简单到综合,分阶段、有层次地对学生进行训练和培养。

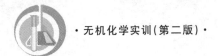

本书取材广泛,是在吸收部分院校实训教学的成熟经验和编者多年来从事无机化学实训研究的基础上编写而成的。其目的是为采用本书的院校提供更多的选择机会。

本书由朱圣平、朱明发担任主编。参加编写工作的有:汉江师范学院朱圣平,德州职业技术学院朱明发,揭阳职业技术学院江英志,山东铝业职业学院吴云,江门职业技术学院钟桂云,苏州市职业大学李邦玉,济源职业技术学院周鸿燕,辽宁科技学院吕晓姝、王文忠,营口职业技术学院李晶,安庆医药高等专科学校孙坤。在本书编写过程中,我们参阅了大量国内有关书籍、期刊和网络上的信息,从中选取了部分内容,对此,特向这些作者深表谢意!第一版作者付出了大量的劳动,打下了良好的基础,在此表示衷心的感谢!

由于编者水平有限,书中不足之处在所难免,恳请同行专家和读者不吝指正,以使我们再版时不断完善。

编　者

目 录

1

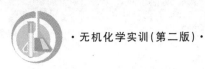

模块一

无机化学实训的基本知识

项目一　怎样进行无机化学实训

任务1　无机化学实训的目的和要求

通过学习无机化学实训这门课程,可以逐步地熟悉化学实训的基本操作,了解化学元素反应的事实,加深对无机化学基本理论的理解;掌握无机物的一般制备和提纯方法;培养独立思考、独立解决问题的能力和良好的实训素质,培养细致地观察和记录现象,归纳、总结,正确地处理数据和分析实训结果的能力。

任务2　学习无机化学实训的方法

学习无机化学实训,首先需要明确学习目的,并且严格遵守实训室守则,其次要掌握正确的学习方法。现将无机化学实训的学习方法作一简单的介绍。

1. 认真预习

为了使实训能够获得良好的效果,实训前必须进行预习。

(1) 认真阅读实训教材及指定的指导书和参考资料。

(2) 明确实训目的,弄懂实训原理。

(3) 了解实训内容、基本操作和仪器的使用,以及实训的注意事项。

(4) 写出预习报告(内容包括简要的原理、步骤、做好实训的关键,应注意的事项等)。预习报告中每一项实训内容的下面,要留足空位,便于记录。

2. 做好实训

(1) 认真按照实训教材上规定的方法、步骤和试剂用量进行操作。仔细观察实训现象,真实、详细地做好记录。

(2) 如果观察到的实训现象与理论不相符合,先要尊重实训事实,然后加以分析,必

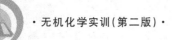
要时重复实训进行核对,直到得到正确的结论。遇到疑难问题时可以同教师讨论。若实训失败,要找出原因,经教师同意后重做。

(3)保持实训室的整洁,废纸、火柴梗、碎玻璃等废物只能丢入废物缸内,规定回收的废液一定要倒入回收容器内,不允许倒入下水道,要自觉养成良好的习惯。

(4)爱护国家财产,小心使用仪器和设备,节约药品、水、电和煤气。

(5)实训全过程中应保持肃静,严格遵守实训室工作守则。

3．实训报告

实训结束后要及时写好实训报告。报告内容大致包括以下几方面。

(1)实训名称,实训目的、原理和内容。

(2)实训记录:包括实训主要现象、原始数据或简单的流程。记录数据时不可弄虚作假,主观臆断。

(3)实训结果:包括对实训现象进行分析和解释;对元素及其化合物性质的变化规律进行归纳总结;对原始数据进行处理,以及对实训结果进行分析;对实训内容和实训方法提出改进意见等。

任务3　无机化学实训常用仪器介绍

(1)了解无机化学实训中常见仪器(见附录 M),熟悉仪器的性能和使用方法。

(2)了解一些常见仪器的简易画法(见图 1-1、图 1-2)。

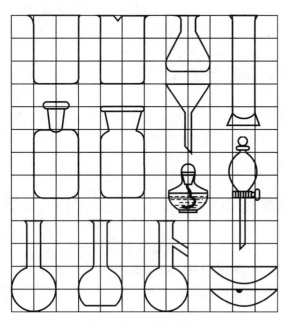

图 1-1　常见仪器的简易画法

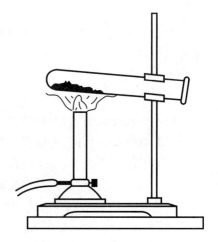

图 1-2　整套装置图的画法

项目二 无机化学实训中的安全操作和事故处理

 任务 4 化学实训室规则

化学实训室规则是学生正常进行实训的保证,学生进入实训室必须遵守以下规则。

（1）进入实训室后,须遵守实训室纪律和制度,听从教师指导与安排,不准吃东西,不准喧哗等。

（2）未穿实训服、未写实训预习报告者不得进入实训室进行实训。

（3）进入实训室后,要熟悉周围环境,熟悉防火及急救设备、器材的使用方法和存放位置,遵守安全守则。

（4）实训前,清点、检查仪器,明确仪器的规范操作方法（教师会进行演示）及注意事项,否则不得动手操作。

（5）使用药品时,要求明确其性质及使用方法后,根据实训要求规范使用。禁止使用不明确的药品或随意混合药品。

（6）实训中,保持安静,认真操作,仔细观察,积极思维,如实记录,不得擅自离开岗位。

（7）实训室公用物品（包括器材、试剂瓶等）用完后,应放回原指定位置。实训中的废液、废物应按要求倒入指定收集器皿内。

（8）爱护公物,注意卫生,保持整洁,节约水、电、煤气和药品。

（9）实训完毕后,必须整理、清洁实训台,检查水、电、气源是否关闭,打扫实训室卫生。

（10）实训记录经教师签名认可后,方可离开实训室。

 任务 5 安全守则

化学实训室是开展实训教学的主要场所。实训室涉及仪器、仪表、化学试剂,甚至是一些易燃、易爆、有腐蚀性和有毒性的化学药品,必须十分重视安全检查问题,不能麻痹大意。为了保证师生的安全、实训室设备的完好,在实训前应充分了解每次实训中的安全问题和注意事项。在实训过程中,防火和保护环境也是非常重要的。

化学实训安全守则包括以下几个方面。

（1）熟悉实训室的煤气、水、电的开关及急救箱、消防用品等的位置和使用方法。

（2）一切易燃、易爆物质的操作都要在离火较远的地方进行。

（3）有毒、有刺激性的气体的操作要在通风橱内进行。嗅闻气体时,绝不能用鼻子直接对着瓶口或试管口嗅闻,而应当用手轻轻扇动气体,将少量气体扇向自己,进行嗅闻。

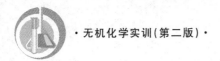

（4）进行加热、浓缩液体的操作时要十分小心，不能俯视正在加热的液体。在加热操作中，试管口不能对着自己或别人。

（5）绝对禁止在实训室内饮食、抽烟。有毒的药品（如铬盐、钡盐、砷的化合物，汞及汞的化合物，氰化物等）不得入口或接触伤口。剩余的药品或废液不得倒入下水道，应回收后集中处理。

（6）使用具有强腐蚀性的浓酸、浓碱、洗液时，应避免其接触皮肤或溅在衣服上，更要注意保护眼睛，必要时要戴防护眼镜。

（7）水、电、煤气使用完毕后应立即关闭。不能用湿手操作电器设备，用后关闭电源。

（8）每次实训结束后，应将手清洗干净，关好门窗后才能离开实训室。

 ## 任务6　意外事故的紧急处理

如果在实训过程中发生了意外事故，可以采取如下救护措施。

（1）割伤：伤口内若有异物，须先挑出，然后涂上碘酒或贴上"止血贴"包扎，必要时送医院治疗。

（2）烫伤：可在烫伤处涂上烫伤膏或万花油，切勿用水冲洗。

（3）酸或碱腐蚀皮肤时，应先用干净的干布或吸水纸揩干，再用大量水冲洗。对于受酸腐蚀致伤的，可用饱和碳酸氢钠溶液或稀氨水冲洗；对于受碱腐蚀致伤的，可用质量分数为 3%～5% 的乙酸溶液或质量分数为 3% 的硼酸溶液冲洗，最后再用水冲洗。必要时送医院治疗。

（4）酸（或碱）溅入眼内：应立即用大量水冲洗，再用质量分数为 3%～5% 的碳酸氢钠溶液或质量分数为 3% 的硼酸溶液冲洗，然后立即送医院治疗。

（5）在吸入刺激性或有毒气体（如氯气、氯化物）时，可吸入少量酒精和乙醚的混合蒸气解毒。吸入硫化氢气体而感到不适（头晕、胸闷、欲吐）时，应立即到室外呼吸新鲜空气。

（6）遇有毒物进入口内时，可内服 5～10 mL 5% 的硫酸铜溶液，再将手指伸入咽喉部，促使呕吐，然后立即送医院治疗。

（7）不慎触电时，应立即切断电源。必要时进行人工呼吸，找医生抢救。

（8）起火：要立即灭火，并采取措施防止火势扩展（如切断电源，移走易燃药品等）。可根据起火的原因选择合适的灭火方法。

① 一般的起火：小火用湿布、沙子覆盖燃烧物即可灭火；大火可以用水、泡沫灭火器灭火。

② 活泼金属（如 Na、K、Mg、Al 等）引起的着火，不能用水、泡沫灭火器、二氧化碳灭火器灭火，只能用沙土、干粉等灭火；有机溶剂引起的着火，切勿使用水、泡沫灭火器灭火，而应该用二氧化碳灭火器、专用防火布、沙土、干粉等灭火。

③ 电器着火：首先关闭电源，再用防火布、干粉、沙土等灭火，不要用水、泡沫灭火器灭火，以免触电。

④ 当身上衣服着火时，切勿惊慌乱跑，应赶快脱下衣服或用专用防火布覆盖着火处，或就地卧倒打滚，也可起到灭火作用。

项目三 无机化学实训技能及操作规范

 任务7 常用仪器的洗涤与干燥

1. 仪器的洗涤

无机化学实训过程中经常使用各种玻璃仪器和瓷器。为了保证实训结果的准确性，必须在每次实训前后将仪器清洗干净。

仪器的洗涤方法有如下几种。

（1）用水洗：可以洗去可溶性物质，也可使附着在仪器上的尘土等洗脱下来。

（2）用去污粉、肥皂洗：可除去附着在仪器上的油污。

（3）用浓酸洗：可以洗去附着在器壁上的氧化剂，如二氧化锰。

（4）用铬酸洗液洗：将 8 g 研细的工业 $K_2Cr_2O_7$ 加入温热的 100 mL 浓硫酸中，小火加热，切勿加热到冒白烟，边加热边搅动，冷却后储存在细口瓶中。用铬酸洗液洗涤时，可向仪器内加入少量洗液，使仪器倾斜并慢慢转动，使仪器内壁全部被洗液湿润，再转动仪器，使洗液在内壁流动，流动几圈后，把洗液倒回原瓶内，然后用自来水把仪器壁上残留的洗液洗去。对沾污严重的仪器，可先用洗液浸泡一段时间再洗涤，或用热的洗液洗，效果更好。

使用铬酸洗液时要注意如下几点。

① 先将玻璃器皿用水或洗衣粉洗刷一遍。

② 尽量把器皿内的水去掉，以免冲稀洗液。

③ 用毕将洗液倒回原瓶内，以便重复使用。

④ 洗液的吸水性很强，应随时把洗液瓶的塞盖紧，以防洗液吸水而失效。

⑤ 洗液具有很强的腐蚀性和强氧化性，切勿溅在衣物、皮肤上，使用时应注意安全。若不慎溅在皮肤、衣服或实训台上，应立即用水冲洗。

⑥ 铬（Ⅳ）的化合物有毒，清洗残留在仪器上的洗液时，第一、二遍洗涤水不要倒入下水道中，应回收处理，以免污染环境。

（5）盐酸-酒精（1∶2）洗涤液：适用于洗涤被有机试剂染色的比色皿。比色皿应避免使用毛刷和铬酸洗液。

（6）特殊污物的去除：根据沾在器壁上的各种物质的性质，采用合适的方法处理。

用以上方法洗涤后的仪器，经自来水冲洗后，还残留有 Ca^{2+}、Mg^{2+} 等离子，若需除掉这些离子，还应用去离子水洗 2～3 次，用水量一般应遵循"少量多次"的原则。

已洗净仪器的器壁应能被水润湿，无水珠附着在上面。

2. 仪器的干燥

（1）烘干：洗净的仪器滴尽水后，可放在烘箱内烘干。

(2) 烤干:常用于可加热或耐高温的仪器,如烧杯、蒸发皿、试管等。加热前应先将仪器外壁擦干,对烧杯、蒸发皿等仪器,一般可置于石棉网上用小火烤干,而试管则可直接用小火烤干,但必须使管口向下倾斜,以免水珠倒流,使试管炸裂。火焰不要集中在一个部位,应从试管底部开始,缓慢向下移至管口,如此反复烘烤至不见水珠时,再将管口朝上,把水汽赶尽。

(3) 晾干:备用的仪器洗净后可以倒置在干净的仪器柜内或仪器架上,让其自然干燥。

(4) 用有机溶剂干燥:一些带有刻度的计量仪器,不能用加热的方法进行干燥,需用一些易挥发的有机溶剂(最常用的是酒精),将其倒入待洗净的仪器中,倾斜并转动仪器,使器壁上的水与有机溶剂互相溶解,然后倒出。少量残留在仪器中的混合液,会很快挥发而干燥。

3. 干燥器的结构和使用方法

(1) 结构。

干燥器是一种带有磨口盖子的厚质玻璃器皿,如图 1-3 所示。磨口上涂有一薄层凡士林,使其与玻璃器皿更好地密合。玻璃器皿底部放适量的干燥剂,其上面架有洁净的带孔瓷板,以便放置坩埚和称量瓶等。

(2) 使用方法。

首先,用干抹布擦净干燥器的内、外壁和瓷板,然后将干燥剂筛去粉尘后,借助纸筒放入干燥器底部,再放上多孔瓷板,盖好盖子备用,如图 1-4 所示。

开启干燥器时,左手按住干燥器的下部,右手按住盖子上的圆顶,向右前方推开盖子,如图 1-5 所示。盖子取下后,将其倒置在安全的地方,用左手将坩埚或称量瓶等器皿放入干燥器的瓷板上,及时盖上干燥器盖。加盖时,应用手拿住盖子上的圆顶,平推盖严。

图 1-3 干燥器   图 1-4 装干燥剂   图 1-5 启盖方法

使用时,一是应注意干燥器内不准存放湿的器皿或沉淀;二是当放入热的坩埚或称量瓶等器皿时,应将盖子留一缝隙,稍等几分钟后再盖严,或前后推动盖子,稍稍打开干燥器盖 1～2 次;三是挪动干燥器时,双手的拇指应按住干燥器的盖子,以防止盖子滑落打碎。

 ## 任务8 酒精灯和煤气灯的使用

化学实训室中常用的加热器具是酒精灯(或酒精喷灯)和煤气灯。现分别予以介绍。

1. 酒精灯

（1）酒精灯的构造。

酒精灯一般是由玻璃制成的。它由灯壶、灯帽和灯芯构成（见图1-6）。酒精灯的正常火焰分为三层（见图1-7）。内层为焰心，温度最低。中层为内焰（还原焰），由于酒精蒸气燃烧不完全，并分解为含碳的产物，所以这部分火焰具有还原性，称为还原焰，温度较高。外层为外焰（氧化焰），酒精蒸气完全燃烧，温度最高。进行实训时，一般都用外焰来加热。

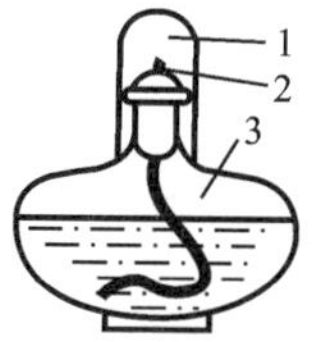

图1-6　酒精灯的构造

1—灯帽；2—灯芯；3—灯壶

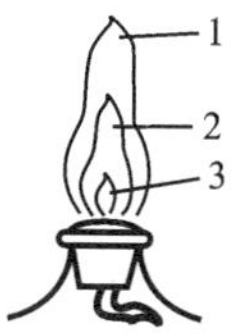

图1-7　酒精灯的灯焰

1—外焰；2—内焰；3—焰心

（2）酒精灯的使用方法。

① 新购置的酒精灯应首先配置灯芯。灯芯通常是用多股棉纱拧在一起或编织而成，并插在灯芯瓷套管中。灯芯不宜过短，一般浸入酒精后还要多出4～5 cm。对于旧灯，特别是长时间未使用的酒精灯，取下灯帽后，应提起灯芯瓷套管，用洗耳球或嘴轻轻地向灯壶内吹几下以赶走其中聚集的酒精蒸气，再放下瓷套管检查灯芯，若灯芯不齐或烧焦都应用剪刀修整至平头等长（见图1-8）。

② 灯壶内的酒精少于其容积的1/2时，应及时添加酒精，但酒精不能装得太满，以不超过灯壶容积的2/3为宜。添加酒精时，一定要借助小漏斗（见图1-9），以免将酒精洒出。燃着的酒精灯，若需添加酒精，必须熄灭火焰，不允许在酒精灯燃着时添加酒精，否则很易起火而造成事故。万一酒精洒出造成灯外燃烧，可用湿布或石棉布扑灭。

图1-8　检查灯芯并修整

图1-9　添加酒精

③ 新装的灯芯须放入灯壶内的酒精中浸泡，而且要将灯芯不断移动，使每段灯芯都浸透酒精，然后调整好长度，才能点燃。因为未浸过酒精的灯芯，一点燃就会烧焦。点燃酒精灯时一定要用火柴，不允许用燃着的另一个酒精灯对点（见图1-10）。否则会将酒精洒出，引起火灾。

④ 加热时，若无特殊要求，一般用温度最高的火焰（外焰与内焰交界部分）来加热器具。加热的器具与灯焰的距离要合适，过高或过低都不正确。被加热的器具与酒精灯焰的距离可以通过铁环或垫木来调节。被加热的器具必须放在支撑物（三脚架或铁环等）

图 1-10　点燃

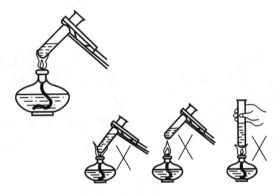

图 1-11　加热方法

上,或用坩埚钳、试管夹夹持,不允许用手拿着仪器加热(见图 1-11)。

⑤ 酒精灯的加热温度一般在 400~500 ℃,适用于温度不太高的实训。若要使灯焰平稳,并适当提高加热温度,可以套一金属网罩(见图 1-12)。

⑥ 加热完毕或因添加酒精要熄灭酒精灯时,必须用灯帽盖灭,盖灭后需重复盖一次,让空气进入并让热量散发,以免冷却后造成盖内负压而使盖打不开。不允许用嘴吹灭酒精灯(见图 1-13)。

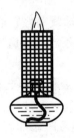

图 1-12　提高温度的方法

图 1-13　熄灭酒精灯

2. 酒精喷灯

(1) 类型和构造(见图 1-14)。

(2) 使用方法。

① 使用酒精喷灯时,首先用捅针捅一捅酒精蒸气出口,以保证出气口畅通。

② 借助小漏斗向酒精壶内添加酒精,壶内的酒精不能装得太满,以不超过酒精壶容积(座式)的 2/3 为宜,添加完毕后须拧紧铜帽(盖子)。

③ 往预热盘里注入一些酒精,点燃酒精使灯管受热,待酒精接近燃完且在灯管口有火焰时,移动空气调节器调节火焰为正常火焰(见图 1-15(a)),其中氧化焰用来加热,还原焰用来预热和退火,最高温度点的温度可达 800 ℃以上。图 1-15(b)所示的临空火焰为酒精蒸气、空气量均过大时的情况,图 1-15(c)所示的侵入火焰为酒精蒸气量小、空气量大时的情况。

④ 座式酒精喷灯连续使用不能超过半小时,如果超过半小时,必须暂时熄灭酒精喷灯,待其冷却并添加酒精后再继续使用。

⑤ 用毕后,可以用石棉网或硬质板盖灭火焰,也可以将空气调节器上移来熄灭火焰。

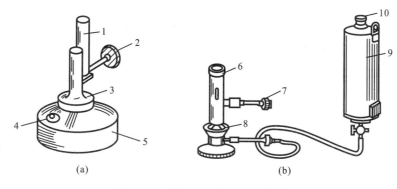

图 1-14　酒精喷灯的类型和构造

（a）座式；（b）挂式

1、6—灯管；2、7—空气调节器；3、8—预热盘；4—铜帽；5—酒精壶；9—酒精储罐；10—盖子

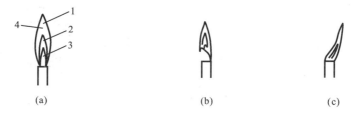

图 1-15　灯焰的几种情况

（a）正常火焰；（b）临空火焰；（c）侵入火焰

1—氧化焰；2—还原焰；3—焰心；4—最高温度点

若长期不用,须将酒精壶内剩余的酒精倒出。

⑥ 若酒精喷灯的酒精壶底部凸起,则不能再使用,以免发生事故。

3. 煤气灯

煤气灯是化学实训室最常用的加热器具,使用十分方便。它主要由灯管和灯座组成,其中灯管下部有几个小圆孔,为空气入口,灯座侧面有煤气入口和针阀(见图 1-16)。煤气灯的正常火焰分为三层(见图 1-15(a)),不正常火焰分为临空火焰(见图 1-15(b))和侵入火焰(见图 1-15(c))。

点火时,先顺时针旋转金属灯管,使空气入口关闭,将燃着的火柴放在管口旁,然后慢慢地打开开关,将灯点燃,再调节煤气开关,使火焰达到适合的高度,此时火焰呈黄色。逆时针旋转金属灯管可以加大空气的进入量,这样煤气即可完全燃烧,此时可得到紫色火焰,称为正常火焰。

煤气中含有有毒的 CO,使用煤气灯时一定要注意安全,停止使用或离开实训室时一定要检查煤气灯的开关是否处于关闭的状态。一旦发生漏气,应及时停止实训,查清漏气原因

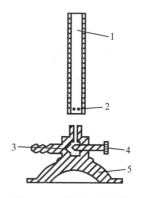

图 1-16　煤气灯的构造

1—灯管；2—空气入口；

3—煤气入口；

4—针阀；5—灯座

并予以排除。

煤气灯用久了,阀门和灯内孔道常常会残留煤焦油,易造成堵塞,因此,要经常把灯管和针阀取下,用细铁丝清理孔道。堵塞严重时,要用苯或甲苯洗去残留的煤焦油。

4. 常用的加热方法

(1) 直接加热。

当被加热的液体在较高的温度下不分解,又无着火危险时,可以将盛有液体的器皿放在石棉网上用灯直接加热。少量液体或固体可以置于试管(硬质试管)中加热(见图1-17)。

(2) 间接加热。

① 水浴加热。

当被加热的物质要求受热均匀且温度不超过100 ℃时,可先将容器中的水煮沸,再用水蒸气来加热。水浴(见图1-18)上可放置大小不同的铜圈,以承受各种器皿。

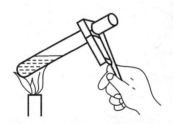

图1-17 加热试管中的液体

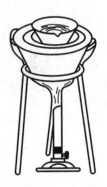

图1-18 水浴加热

② 油浴和沙浴。

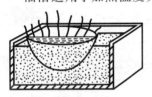

图1-19 沙浴加热

油浴适用于加热温度为100~350 ℃的情况,优点是使反应物受热均匀,反应物的温度一般应低于油浴液20 ℃左右。而沙浴(见图1-19)是将均匀细沙盛在一个铁制器皿内,用煤气灯加热,被加热的器皿的下部埋置在沙中的一种间接加热方式,特别适用于220 ℃以上的加热。若要测量温度,可将温度计的水银球部分插入靠近器皿的沙中(不要触及底部)。但沙浴传热慢,升温较慢,且不易控制,停止加热后散热也慢。因此,沙层要相对薄一些。

任务9 温度计和试纸的使用

1. 温度计

温度计是实训室中用来测量温度的仪器。实训室中最常用的温度计有酒精温度计、水银温度计和贝克曼(差示)温度计三种。每种温度计都有一定的测温范围,酒精温度计所测液体温度不能超过100 ℃,水银温度计可测量-39~+357 ℃范围内的温度。

用温度计测量温度时应该注意以下几点。

（1）根据所测温度的高低选择合适的温度计。

（2）用温度计测量时，要使温度计浸入液体的适中位置，不要使温度计接触容器的底部或壁上。不能将温度计移开被测液体后读数。

（3）不能将温度计当搅拌棒使用，以免水银球碰破。

（4）刚刚测量高温的温度计取出后不能立即用凉水冲洗，也不要放置在温度较低的水泥台上，以免水银球炸裂。

（5）使用温度计时要轻拿轻放，不要随意甩动。温度计不慎被打碎后，要立即告诉指导教师，撒出的水银应立即回收，不能回收的要立即撒些硫黄粉覆盖并清扫。

2. 试纸

（1）试纸的种类。

实训室所用的试纸种类很多，常用的有 pH 试纸、乙酸铅试纸、淀粉-碘化钾试纸和高锰酸钾试纸等。

① pH 试纸。pH 试纸可用来检验溶液或气体的 pH，包括广范 pH 试纸和精密 pH 试纸两种。广范 pH 试纸的变色范围在 pH 1～14，用来粗略估计溶液的 pH。精密 pH 试纸可较精确地测量溶液的 pH，根据其变色范围可以分为多种，如变色范围在 pH 2.7～4.7、3.8～5.4、5.4～7.0、6.9～8.4、8.2～10.0、9.5～13.0 等多种，根据待测溶液的酸碱性可选用某一变色范围的试纸（最好先用广范 pH 试纸粗测，再用精密 pH 试纸较准确地测量）。

② 乙酸铅试纸。乙酸铅试纸是用来定性检验 H_2S 气体的试纸。当含有 S^{2-} 的溶液被酸化后，逸出的 H_2S 气体遇到湿润的乙酸铅试纸，即与试纸上的乙酸铅反应，生成黑色的硫化铅沉淀，使试纸呈黑褐色，并具有金属光泽。反应式为

$$Pb(Ac)_2 + H_2S = PbS(s) \downarrow + 2HAc$$

若溶液中 S^{2-} 的浓度较小，则不易检出。

③ 淀粉-碘化钾试纸。淀粉-碘化钾试纸是用来定性检验氧化性气体（如 Cl_2、Br_2）的一种试纸。当氧化性气体遇到湿润的淀粉-碘化钾试纸时，可将试纸上的 I^- 氧化成 I_2，后者立即与试纸上的淀粉作用而显蓝色。反应式为

$$2I^- + Cl_2 = I_2 + 2Cl^-$$

当气体的氧化性强且浓度较大时，还可以将 I_2 进一步氧化而使试纸褪色。反应式为

$$I_2 + 5Cl_2 + 6H_2O = 2IO_3^- + 10Cl^- + 12H^+$$

使用时必须仔细观察试纸颜色的变化，以免得出错误的结论。

（2）试纸的使用方法。

每种试纸的使用方法都不一样，在使用前应仔细阅读使用说明，但也有一些共性的地方。一是用来测定气体的试纸，都需要先润湿后测量，并且不要将试纸接触相应的液体或反应器，以免造成误差。二是使用试纸时，应注意节约，尽量将试纸剪成小块。三是不要将试纸浸入反应液中，以免造成溶液的污染。四是使用试纸时应尽量控制用量，取后盖好瓶盖，以防污染（尤其是乙酸铅试纸）。

下面介绍几种特殊的试纸的使用方法。

① pH 试纸及石蕊、酚酞试纸。将小块试纸放在洁净的表面皿或点滴板上,用玻璃棒蘸待测液滴在试纸的中部,试纸即被待测液润湿而变色。与标准色阶板比较,即可确定相应的 pH 或 pH 的范围。若是其他试纸,则根据颜色的变化确定其酸碱性。如果需要测气体的酸碱性,应先用蒸馏水将试纸润湿,将其黏附在洁净玻璃棒尖端,移至产生气体的试管口上方(不要接触试管),观察试纸的颜色变化。

② 淀粉-碘化钾试纸或乙酸铅试纸。将小块试纸用蒸馏水润湿后黏附在干净的玻璃棒尖端,移至产生气体的试管口上方(不要接触试管及触及试管内的溶液),观察试纸的颜色变化。若气体量较小,可在不接触溶液的条件下将玻璃棒伸进试管进行观察。

(3) 试纸的制备。

① 淀粉-碘化钾试纸(无色)。将 3 g 可溶性淀粉放入 25 mL 水中搅匀,倾入 225 mL 沸水中,加入 1 g KI 和 1 g Na_2CO_3,搅拌,加水稀释至 500 mL,将滤纸条浸润,取出后放置于无氧化性气体处晾干,保存于密封装置(如广口瓶)中备用。

② 乙酸铅试纸(无色)。将滤纸条用 $0.5 \ mol \cdot L^{-1}$ 乙酸铅溶液浸润后,在无 H_2S 气氛中干燥,密封保存备用。

(4) 纸上点滴分析。

① 先将试剂及试液滴在点滴板上,将毛细管尖端浸入所需的溶液中,垂直取出并使尖端与滤纸接触,轻轻压在滤纸上(滤纸应先做空白试验,检查无过度检出),待纸上的潮湿斑点直径扩大为数毫米时,移开毛细管,稍停片刻,在原形成的潮湿斑点的中心,按照同样的办法,用吸有适当试剂的另一支毛细吸管与其接触,观察湿斑上的变化。千万不要将试剂直接滴在试液的湿斑上。

② 滤纸应悬空操作,即用拇指和食指水平拿住滤纸两侧或将滤纸放置于坩埚口上进行操作,以保证溶液均匀地向外扩展。

任务 10　固体、液体试剂的取用和估量

化学试剂是用以研究其他物质组成、性质及质量优劣的纯度较高的化学物质。化学试剂的纯度级别一般标注在试剂瓶标签的左上方,规格则在标签的右端,并用不同的标签颜色加以区别。按照药品中杂质的含量的多少,我国生产的化学试剂的等级标准基本上可分为四级,级别的符号、规格以及使用范围如表 1-1 所示。

1. 化学试剂的取用原则

(1) 不弄脏试剂。不用手接触试剂,已取出的试剂不得倒回原试剂瓶。固体用干净的药匙或镊子取用,试剂瓶盖不得张冠李戴,胡乱取放。

(2) 力求节约。实训中试剂的用量应按规定量取,未注明用量时,应尽可能少取。

2. 固体试剂的取用

(1) 固体试剂要使用干净的药匙取用,药匙的两端有大、小两个匙,取较多试剂时用大匙,取较少试剂时用小匙。将固体试剂放入试管时,可将药匙伸入试管 2/3 处(见图 1-20(a)),直立试管,将试剂放入,或者取出试剂,放置于一张对折的纸条上,再伸入试管中(见图 1-20(b)),块状固体则应沿管壁慢慢滑下。取出试剂后,先将瓶塞盖严,并将试剂瓶放回原处。用过的药匙必须立即洗净擦干,以备取用其他试剂。

表 1-1　化学试剂的等级划分

级别	一级品	二级品	三级品	四级品
名称	优级纯	分析纯	化学纯	实验纯
英文缩写	G. R.	A. R.	C. P.	L. R.
瓶签颜色	绿色	红色	蓝色	棕色或黄色
适用范围	纯度很高,适用于精密分析和科学研究,有的可作为基准物质	纯度略低于优级纯,适用于重要分析和一般科研	纯度较分析纯低,适用于工业分析及化学实验	纯度较低,但高于工业品,适用于一般化学实验和合成制备,不能用于分析工作

(2) 要求取用一定质量的固体样品时,可先将固体放置于洁净的称量纸或表面皿上,再进行称量。具有腐蚀性或易吸潮的样品,应放置在玻璃容器内进行称量。

(a)   (b)

图 1-20　固体试剂的取用
(a)使用药匙；(b)使用纸条

(3) 研钵的使用。

研钵就是实训中用来研碎实训材料的容器,配有研杵,如图 1-21 所示。常用的是瓷制品,也有玻璃、玛瑙、氧化铝、铁的制品。研钵用于研磨固体物质或进行粉末状固体的混合。可用口径的大小表示其规格。

进行研磨操作时应注意以下事项。

① 按被研磨固体的性质和产品的粗细程度选用不同质料的研钵。一般情况下用瓷制或玻璃制研钵。研磨坚硬的固体时用铁制研钵,需要非常仔细地研磨且试样较少时用玛瑙或氧化铝制的研钵。

图 1-21　研钵

注意,玛瑙研钵价格昂贵,使用时应特别小心,不能研磨硬度过大的物质,不能与氢氟酸接触。

② 进行研磨操作时,研钵应放在不易滑动的物体上,研杵应保持垂直,研钵中盛放固体的量不得超过其容积的1/3。大块的固体只能压碎,不能用研杵捣碎,否则会损坏研钵、研杵或使固体溅出。易爆物质只能轻轻压碎,不能研磨。研磨对皮肤有腐蚀性的物质时,应在研钵上盖上厚纸片或塑料片,然后在其中央开孔,插入研杵后再研磨。

③ 研钵不能进行加热操作,尤其是玛瑙制品,切勿放入电烘箱中干燥。

④ 洗涤研钵时,应先用水冲洗,耐酸腐蚀的研钵可用稀 HCl 溶液洗涤。研钵上附着难洗涤的物质时,可向其中加入少量食盐,研磨后再进行洗涤。

3. 液体试剂的取用

(1) 用倾注法取液体试剂时(见图 1-22),应将瓶盖拧开取下,倒放在桌面上,右手拿起试剂瓶,使标签朝上(若是双面标签时,无标签处向下),使瓶口靠在容器壁上,缓缓倾出所需液体,使其沿容器内壁流下(如向量筒中倾倒液体试剂)。若所用的容器为烧杯,则用一根玻璃棒紧靠瓶口,使液体沿玻璃棒流入容器(玻璃棒引流)。倒出所需的液体后,将试剂瓶口在玻璃棒或容器上靠一下,再将试剂瓶竖直(这样可避免留在瓶口的试剂流到试剂瓶外壁),然后立即将瓶盖盖上,并将试剂瓶放回原处,并使试剂瓶上的标签朝外。

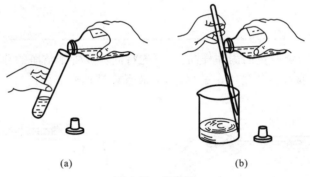

(a)　　　　　　　　　　　　(b)

图 1-22　倾注法

(2) 用滴管取液体试剂时(见图 1-23),应用拇指和食指提起滴管,取走试剂。并注意保持滴管垂直,避免倾斜,以免沾污容器壁。切忌将滴管倒立,防止试剂流入橡皮头而污染试剂。用滴管向容器中滴加试剂时,滴管的尖端不要接触试管内壁,也不得将滴管放置在原滴瓶以外的任何地方,以免杂质污染。在大瓶的液体试剂旁边应附置专用滴管以便取用少量试剂;用自备滴管取用时,使用前必须洗涤干净。

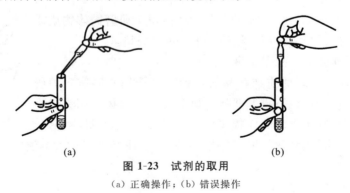

(a)　　　　　　　　　　　　(b)

图 1-23　试剂的取用

(a)正确操作;(b)错误操作

任务 11 固体的溶解和沉淀的分离与洗涤

1. 固体的溶解

将固体物质溶解于某一溶剂时,通常要考虑温度对物质溶解度的影响和实际需要而取用适量溶剂。加入溶剂时,应先使烧杯适当倾斜,然后把量筒嘴靠近烧杯壁,让溶剂缓缓顺着烧杯壁流入,或通过玻璃棒引流,使溶剂沿玻璃棒缓缓流入,以防杯内溶液溅出损失。加入溶剂后,应用玻璃棒搅拌,使试样完全溶解。若固体颗粒太大不易溶解,应先在洁净、干燥的研体中将固体研细(研体中盛放固体的量不要超过其容量的 1/3)。对溶解时会产生气体的试样,则应先用少量的水将其润湿成糊状,用表面皿将烧杯盖好,然后用滴管将溶剂自烧杯嘴逐滴加入,以防生成的气体将粉状的试样带出。对需要加热溶解的试样,加热时要盖上表面皿,以防止溶液剧烈沸腾和迸溅。加热后用蒸馏水冲洗表面皿和烧杯内壁,冲洗时也应使水顺烧杯壁流下。

2. 沉淀的分离与洗涤

沉淀与溶液分离的方法有下列几种。

(1)过滤法。

可用过滤法从液体中分离出沉淀,实训室常采用的过滤法有常压过滤和减压过滤(见"任务 12")。

(2)倾析法。

当沉淀的相对密度或结晶的颗粒较大,静置后能沉降至容器底部时,可用倾析法进行沉淀的分离。将沉淀上部的清液倾入另一容器内,然后加入少量洗涤液(如蒸馏水)洗涤沉淀,充分搅拌沉降,倾去洗涤液。如此重复操作三遍以上,即可洗净沉淀(见图 1-24)。

(3)离心分离。

当被分离的沉淀量很少时,实训室常用电动离心机(见图 1-25)进行沉淀的分离,其操作简单、迅速。

图 1-24 倾析法

图 1-25 电动离心机

使用电动离心机时应注意以下几点。

① 将离心管放入套管中时,位置要对称,重量要平衡,否则易损坏离心机的轴。如果只有一支离心管的沉淀需要进行分离,可取另一支空的离心管,盛以相同质量的水,然后把离心管对称地装入离心机的套管中,以保持平衡。

② 打开开关按钮,逐渐旋转变阻器旋钮,使离心机转速由小到大变化。数分钟后慢慢恢复变阻器旋钮至初始位置,让其自行停止。

③ 离心时间和转速应由沉淀的性质来决定。对于结晶型的紧密沉淀,转速一般为1 000 r/min,1~2 min后即可停止。对于无定形的疏松沉淀,沉淀时间要长些,转速可提高到2 000 r/min。如果经3~4 min后仍不能使其分离,则应设法(如加入电解质或加热等)促使沉淀沉降,再进行分离。

 ## 任务 12　蒸发、结晶和过滤

1. 蒸发

为了使溶质从溶液中析出,常采用加热的方法使水分不断蒸发,从而使溶液不断地浓缩而析出晶体。

溶液的蒸发通常在蒸发皿中进行,因为它的表面积较大,有利于加速蒸发。应用蒸发皿蒸发溶液时应注意下列几点。

(1) 蒸发皿内所盛液体的体积不应超过其容积的2/3。

(2) 蒸发过程应缓慢进行,不能将溶液加热至沸腾。

(3) 蒸发过程应在水浴锅上进行(少数情况下可放在石棉网上加热),不可用火直接加热。

(4) 蒸发过程中应不断搅拌,拨下由于体积缩小而留在液面边缘上的固体。

(5) 从蒸发皿倒出液体时,应从嘴沿边搅拌边倒出。

(6) 溶液浓缩程度视溶质溶解度大小而定,但应尽量避免溶液蒸发至干涸。

若需蒸发至干,应在蒸发近干时即停止加热,让残液依靠余热自行蒸干,这样可避免固体溅出,同时可防止物质分解。

有时,溶液蒸干后所留下的固体需强热(灼烧),在这种情况下,溶液的蒸发应在小坩埚中进行,蒸发方法与前相同。蒸干后放在小的泥三角上用火烘干,开始加热时,保持火焰小些,然后逐渐加大火焰直至炽热灼烧。

2. 结晶和重结晶

(1) 结晶。结晶是提纯固态物质的重要方法之一。通常有两种方法,一种是蒸发法,即通过蒸发或汽化,使溶液达到饱和而析出晶体,此法主要用于溶解度随着温度改变而变化不大的物质(如氯化钠)。另一种是冷却法,即通过降低温度使溶液冷却达到饱和而析出晶体,这种方法主要用于溶解度随着温度下降而明显减小的物质(如硝酸钾)。

晶体颗粒的大小与结晶条件有关,如果溶质的溶解度小,或溶液的浓度高,或溶剂的蒸发速度快而溶液冷却得快,析出的晶粒就细小,反之,就可得到较大的晶体颗粒。实际操作中,常常要根据需要,控制适宜的结晶条件,以得到大小合适的晶体颗粒。

当溶液发生过饱和现象时,可以振荡容器,用玻璃棒搅动或轻轻地摩擦器壁,或投入几粒晶体,促使晶体析出。

(2) 重结晶。假设第一次得到的晶体纯度不合乎要求,可将所得晶体溶于少量溶剂中,然后进行蒸发(或冷却)、结晶、分离,如此反复操作,称为重结晶。有些物质的纯化,需要经过几次重结晶才能完成。由于每次母液中都含有一些溶质,所以应将其收集起来,加以适当处理,以提高产率。

3. 过滤

为了达到分离固体和液体的目的,在实训中必须掌握下面几种过滤操作。

(1) 常压过滤。

这是一种最简单和常用的过滤方法,现将操作步骤介绍如下。

① 滤纸的折叠。折叠滤纸前应先把手洗净擦干,以免弄脏滤纸。选取一张大小适中的正方形或圆形滤纸,折叠成四层并剪成扇形(圆形滤纸不必再剪)(见图1-26)。若漏斗的规格标准(60°角),则滤纸锥体角度应稍大于60°,若漏斗的规格不标准(非60°角),滤纸和漏斗不密合,这时需要重新折叠滤纸,不对半折而成一个适当的角度,使滤纸展开后可以成大于60°角的锥形,也可展成小于60°角的锥形,根据漏斗的角度来选用,使滤纸与漏斗密合。滤纸锥体的一个半边为三层,另一个半边为一层,常在三层厚的外层滤纸撕去一个小角,以保证滤纸与漏斗之间无空隙,撕下来的滤纸可用于擦拭烧杯中残留的沉淀。用食指将滤纸按在漏斗内壁上,用水润湿滤纸,并使它紧贴在壁上,除去纸和壁之间的气泡,加水至滤纸边缘。这时,漏斗颈内应全部充满水,形成水柱。

② 过滤。过滤时应注意:漏斗要放在漏斗架上,漏斗颈要靠在接收容器的壁上;先转移溶液,后转移沉淀;转移溶液时,溶液应沿着玻璃棒流入漏斗中,而玻璃棒的下端对着三层滤纸处,但不接触滤纸。每次转移量不能超过滤纸容量的2/3,以免溢过滤纸而损失(见图1-27)。转移沉淀时,先用少量蒸馏水把沉淀搅起,将悬浮液立即按上述方法转移到滤纸上。如此重复多次。

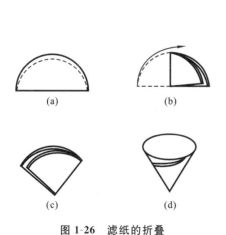

图1-26 滤纸的折叠

(a) (b) (c) (d)

图1-27 常压过滤装置

③ 洗涤。沉淀全部转移到滤纸上以后,用洗瓶吹出水流,从滤纸边沿稍下部位开始,按螺旋形向下移动。洗涤时应注意,切勿使洗涤液突然冲在沉淀上,否则容易溅失。

(2) 减压过滤。

此法可加速过滤,并使沉淀抽吸得较干燥(见图1-28)。但此法不宜用于过滤胶状沉淀和颗粒太小的沉淀,因为胶状沉淀在快速过滤时易透过滤纸。颗粒太小的沉淀易在滤

纸上形成一层密实的沉淀,使溶液不易透过。具体操作方法如下:

① 按减压过滤的装置安装仪器后,将滤纸放入布氏漏斗内,滤纸大小以其直径略小于漏斗内径又能将全部小孔盖住为宜。用蒸馏水润湿滤纸,微开水龙头,抽气使滤纸紧贴在漏斗瓷板上。注意:橡皮塞插入吸滤瓶内的部分不得超过塞子高度的2/3,漏斗管下方的斜口要对着吸滤瓶的支管口。

② 按常压过滤的方法将溶液、沉淀转移到漏斗中。注意:每次转移溶液量不应超过漏斗容量的2/3。

③ 注意观察吸滤瓶内液面高度,当快达到支管口位置时,应拔掉吸滤瓶上的橡皮管,从瓶上口倒出溶液,不要从支管口倒出,以免弄脏溶液。

④ 洗涤沉淀时,应调小阀门,使洗涤剂缓慢通过沉淀物,这样容易洗净。

⑤ 吸滤完毕或中间需停止吸滤时,应注意先拆下连接真空泵和安全瓶的橡皮管,然后关闭水龙头,以防反吸。

如果过滤的溶液具有强酸性或强氧化性,溶液会破坏滤纸,此时可用玻璃砂漏斗。玻璃砂漏斗也叫垂熔漏斗或砂芯漏斗,是一种耐酸的过滤器,不能过滤强碱性溶液。过滤强碱性溶液可使用玻璃纤维代替滤纸。

(3) 热过滤。

如果溶液中的溶质在温度下降时很容易析出大量晶体,为了不使晶体在过滤过程中留在滤纸上,就要趁热进行过滤。过滤时,把玻璃漏斗放在铜质的热滤漏斗内,热滤漏斗内装有热水(水不要太满,以免水加热至沸腾后溢出)以维持溶液的温度(见图1-29)。也可以事先将玻璃漏斗在水浴上用蒸汽加热后再使用。热过滤选用的玻璃漏斗的颈越短越好,以免过滤时溶液在漏斗颈内停留过久,因散热降温,析出晶体而发生堵塞。

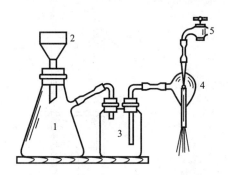

图1-28 减压过滤装置

1—吸滤瓶;2—布氏漏斗;3—安全瓶;4—真空泵;5—水龙头

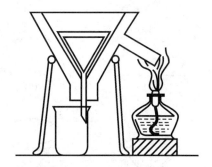

图1-29 热过滤装置

任务13 酸度计的使用

实训室使用的酸度计(又称pH计)有pHS-25型、pHS-2型和pHS-3型等,虽然型号不同,但基本原理是一样的。现主要介绍实训室常用的pHS-25型酸度计。

1．基本原理

酸度计测定溶液的 pH 主要是利用一对工作电极,其中一支为指示电极(玻璃电极),另一支为参比电极(饱和甘汞电极),与待测溶液组成原电池,待测溶液的 pH 不同,就会产生不同的电动势。因此,酸度计测定溶液的 pH 实质上是测定溶液的电动势。

玻璃电极(见图 1-30)的头部是一种能导电的极薄的玻璃空心球,球内有 $0.1\ mol \cdot L^{-1}$ HCl 溶液和一根插在 HCl 溶液中的 Ag-AgCl 电极。因为球内的氢离子浓度是一定的,所以它的电极电势会随待测溶液的 pH 的变化而改变,即

$$\varphi_{玻} = \varphi_{玻}^{\ominus} + 0.0591 \lg[H^+] = \varphi_{玻}^{\ominus} - 0.0591 pH$$

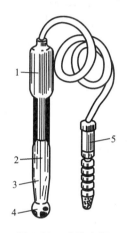

图 1-30　玻璃电极

1—胶木帽；2—Ag-AgCl 电极；3—HCl 溶液；

4—玻璃球；5—电极插头

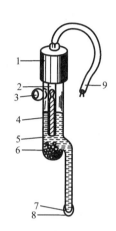

图 1-31　饱和甘汞电极

1—胶木帽；2—铂丝；3—小橡皮塞；

4—汞、甘汞内部电极；5—饱和 KCl 溶液；6—KCl 晶体；

7—陶瓷芯；8—橡皮套；9—电极引线

饱和甘汞电极(见图 1-31)是由金属汞、甘汞(Hg_2Cl_2)和饱和氯化钾溶液组成。它的电极反应是

$$Hg_2Cl_2 + 2e^- = 2Hg^+ + 2Cl^-$$

饱和甘汞电极的电极电势不随待测溶液的 pH 变化而变化,在一定温度下为定值。例如,在 298 K 时,其值为 0.242 V。

如果在室温将玻璃电极和饱和甘汞电极插入待测溶液,并接上精密电位计,此时测得电池的电动势为

$$E = \varphi_{甘汞} - \varphi_{玻} = 0.242 - \varphi_{玻}^{\ominus} + 0.0591 pH$$

则

$$pH = \frac{E + \varphi_{玻}^{\ominus} - 0.242}{0.0591}$$

式中,E 可通过测定已知 pH 的缓冲溶液的电动势获得,因此待测溶液的 pH 就可由上式计算得到。

为了省去计算,仪表加装了定位调节器,在测量标准缓冲溶液时,利用定位调节器把电表读数调节到标准溶液的 pH,这样在测定未知溶液的 pH 时,就可直接从酸度计上读出溶液的 pH。

2. 仪器的构造

pHS-25 型酸度计(见图 1-32)的电极部分是由玻璃电极和 Ag-AgCl 电极组成的复合电极。电极部分实际上是高输入阻抗的毫伏计。

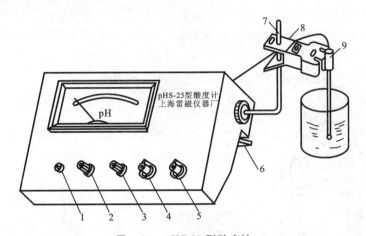

图 1-32 pHS-25 型酸度计

1—电源指示灯;2—温度补偿旋钮;3—定位调节旋钮;4—功能选择旋钮(pH 或 mV);
5—量程选择旋钮;6—仪器支架;7—电极杆;8—电极夹;9—复合电极

由于 pH 转化为电压值是与被测溶液的温度有关的,因此,在测 pH 时,需要旋转温度补偿旋钮,使温度补偿旋钮所指示的温度与被测溶液的温度相同。温度补偿旋钮在测量电极电位时不起作用。

定位调节旋钮在仪器 pH 校正时用来消除电极系统的零电位误差。

功能选择旋钮用于选择仪器的测量功能。"pH"挡:用于 pH 的测量和校正。"+mV"挡:用于测量电极电位极性与仪器后面板上标志相同的电极电位值。"−mV"挡:用于测量电极电位极性与仪器后面板上标志相反的电极电位值。

量程选择旋钮用于选择测量范围,中间一挡是仪器预热时用的,在不进行测量时,都必须置于这一位置。

3. pHS-25 型酸度计的使用方法

(1)仪器的安装。

按图 1-28 所示的方式,支好仪器背部的支架,装上电极杆和电极夹,并按需要的位置固定紧,然后装上复合电极。在打开电源开关前,把量程选择旋钮置于中间位置,短路插插入电极插座。

(2)仪器的检查。

通过下列操作方法,可初步判断仪器是否正常。

① 将功能选择旋钮置于"+mV"或"−mV"挡,短路插插入电极插座。

② 将量程选择旋钮置于中间位置,打开仪器电源开关,此时电源指示灯应亮。指示表的指针位于未开机时的位置。

③ 将量程选择旋钮置于"0~7"挡,指示表的示值应为 0 mV(±10 mV)。

④ 将功能选择旋钮置于"pH"挡,调节定位调节旋钮,指示表示值应能调至 pH<6。

⑤ 将量程选择旋钮置于"7~14"挡,调节定位调节旋钮,指示表示值应能调至 pH>8。

当仪器经过以上方法检验,都能符合要求后,则表示仪器的工作基本正常。

（3）仪器的 pH 的标定。

复合电极在使用前必须在蒸馏水中浸泡 24 h 以上。使用前,使复合电极的参比电极的加液小孔露出,甩去玻璃电极下端的气泡,将仪器的电极插座上的短路插拔去,然后插入复合电极。

使用前,即测定未知溶液的 pH 前,先要进行标定。但不是每次使用前都要标定,一般来说,每天标定一次已能达到要求。

仪器的标定可按如下步骤进行。

① 打开电源开关,将仪器预热 30 min。

② 用蒸馏水清洗电极,再用滤纸轻轻擦干。将电极插入已知 pH 的标准缓冲溶液中,调节温度补偿旋钮,使其所指向的温度和溶液的温度相同。

③ 将功能选择旋钮置于"pH"挡,量程选择旋钮置于所测标准缓冲溶液 pH 对应挡（如对 pH=4 或 pH=6.86 的溶液,则量程选择旋钮应置于"0~7"挡）。

④ 调节定位调节旋钮,使指示表的指针指向该缓冲溶液的准确 pH。

注意:标定所选用的标准缓冲溶液的 pH 应同被测样品的 pH 接近,这样能减小测量误差。

经上述标定后的仪器,定位调节旋钮不应再变动。在一般情况下,24 h 之内,无论电源是连续地开或是间隔地开,仪器都不需要再进行标定。

（4）样品 pH 的测定。

经过 pH 标定的仪器,即可用来测定样品的 pH,测定步骤如下。

① 用蒸馏水清洗电极,用滤纸擦干,然后将电极插入待测溶液中,轻轻摇动烧杯,缩短电极响应时间。

② 调节温度补偿旋钮,使其所指向的温度与待测溶液温度一致。

③ 将功能选择旋钮置于"pH"挡。

④ 将量程选择旋钮置于待测溶液可能的 pH 对应的挡。此时仪器指针所指示的 pH 即为待测溶液的 pH。

（5）测量电极电位。

酸度计在测量电极电位时,温度补偿旋钮和定位调节旋钮均不起作用。只需要根据电极电位的极性置功能选择旋钮于相应的挡即可。当功能选择旋钮置于"+mV"挡时,仪器所指示的电极电位值的极性同仪器后面板上的标志相同;当功能选择旋钮置于"-mV"挡时,仪器所指示的电极电位值的极性同仪器后面板上的标志相反。

当量程选择旋钮置于"0~7"挡时,测量范围为 0~±700 mV。当量程选择旋钮置于"7~14"挡时,测量范围为 ±(700~1 400) mV。

（6）仪器的维护。

仪器性能的好坏,除了与仪器本身结构有关外,与合理维护也是分不开的。在使用或存放酸度计时应特别注意以下几点。

① 必须尽可能地防止仪器在潮湿、腐蚀性气体等环境中保存,否则,会降低仪器的绝缘性,直接影响测量精度。

② 复合电极的敏感部分是其下端的玻璃泡,一般在不使用时,可把它浸在蒸馏水中。新的电极或干放时间较长的电极应在使用前放在蒸馏水中浸泡 24 h,以便活化电极的敏感部分。

③ 复合电极的参比电极的陶瓷芯忌与油脂等物质接触,以防止堵塞。

④ 在使用复合电极前,必须赶尽球泡头部和电极中间的气泡。

⑤ 测量时,连接电极的导线需保持静止,否则会导致测量不稳定。

⑥ 用标准缓冲溶液标定仪器时,要保证缓冲溶液的可靠性。如果缓冲溶液有误,将导致测量结果产生误差。

任务 14　移液管的使用

移液管是用来准确地量取一定体积液体的仪器之一,它是中间有一个膨大部分(称为球部)的玻璃管,管颈上部刻有一标线。此标线是量取液体体积的刻度线。移液管一般包括 5 mL、10 mL、25 mL、50 mL 等规格,其中最常用的是 25 mL 移液管。另一种准确量取液体体积的仪器是吸量管(见附录 M),它是有分刻度的玻璃管,用于量取非固定量的溶液,可量取其量程以内的溶液体积。其使用方法与移液管相似。

1. 移液管的吸液步骤(见图 1-33(a))

(1) 拇指及中指握住移液管标线以上部位;

(2) 将移液管下端伸入液面适当距离,伸入太深或太浅会使外壁沾上过多的溶液或易吸空;

(3) 将洗耳球对准移液管上端,吸入溶液至标线以上约 2 cm,迅速用食指代替洗耳球堵住管口;

(4) 将移液管下口提出液面,管的下端靠在盛液容器内壁,然后略松食指,用拇指和中指缓慢转动移液管,使标线以上的溶液流出,液面降至标线处;

(5) 将移液管迅速取出,用干净的滤纸片擦去管末端外的溶液,但不得接触下口,然后插入接收容器中。

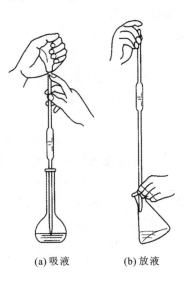

(a) 吸液　　　(b) 放液

图 1-33　移液管的使用

2. 移液管的放液步骤(见图 1-33(b))

(1) 使接收容器倾斜的同时保持移液管直立;

(2) 使移液管的出口尖端接触容器壁;

(3) 松开食指,让溶液自由流出;

(4) 待溶液流出后停留 15 s 即可,不得用洗耳球将管内残液吹出或用其他外力使残液流出。

任务 15　容量瓶的使用

容量瓶主要用于准确地配制一定物质的量浓度的溶液。它是一种细长颈、梨形的平底玻璃瓶,配有磨口塞。瓶颈上刻有标线,当瓶内液体在所指定温度下达到标线处时,其体积即为瓶上所注明的数值。常用的容量瓶有 100 mL、250 mL、500 mL 等多种规格。

1. 使用容量瓶配制溶液的方法

(1) 使用前检查瓶塞处是否漏水。在容量瓶内装入半瓶水,塞紧瓶塞,用右手食指顶住瓶塞,另一只手五指托住容量瓶底,将其倒立(瓶口朝下),观察容量瓶是否漏水。若不漏水,将瓶正立且将瓶塞旋转 180°后,再次倒立,检查是否漏水。若两次操作容量瓶瓶塞周围皆无水漏出,即表明容量瓶不漏水(见图 1-34(a))。经检查不漏水的容量瓶方能使用。

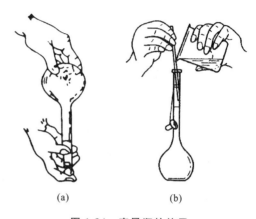

(a)　　　　(b)

图 1-34　容量瓶的使用
(a) 容量瓶检漏及混匀;(b) 溶液转入容量瓶

(2) 把称量好的固体溶质放在烧杯中,用少量溶剂溶解。然后把溶液转移到容量瓶里。为保证溶质能全部转移到容量瓶中,要用溶剂多次洗涤烧杯,并把洗涤溶液全部转移到容量瓶里(见图 1-34(b))。转移时要用玻璃棒引流。方法是将玻璃棒一端靠在容量瓶颈内壁上,注意不要让玻璃棒其他部位触及容量瓶口,防止液体流到容量瓶外壁上。

(3) 向容量瓶内加入液体溶剂,当液面离标线 1 cm 左右时应改用滴管小心滴加,最后使液体的弯月面与标线正好相切。若加的溶剂超过标线,则需重新配制。

(4) 盖紧瓶塞,用倒转和摇动的方法使瓶内的液体混合均匀。静置后如果发现液面低于标线,这是因为容量瓶内极少量溶液在瓶颈处润湿所损耗,并不影响所配制溶液的浓度,故不要再向瓶内加溶剂,否则将使所配制的溶液浓度降低。

2. 使用容量瓶时的注意事项

(1) 容量瓶的容积是特定的,所以一种规格的容量瓶只能配制同一体积的溶液。在配制溶液前,要先弄清楚需要配制的溶液的体积,然后再选用对应规格的容量瓶。

(2) 易溶解且不发热的物质可直接用漏斗倒入容量瓶中溶解。其他物质基本不能在容量瓶里进行溶质的溶解,应将溶质在烧杯中溶解后转移到容量瓶里。

(3) 控制用于洗涤烧杯的溶剂量,总量不能超过容量瓶的标线。

(4) 容量瓶不能用于加热,如果溶质在溶解过程中放热,要待溶液冷却后再进行转移。一般的容量瓶是在 20 ℃下标定的,若注入温度较高或较低的溶液,由于热胀冷缩,容量瓶所量体积就会不准确,最终导致所配制的溶液浓度不准确。

(5) 容量瓶只能用于配制溶液,不能储存溶液,因为溶液可能腐蚀瓶体,从而使容量瓶的量取准确度受到影响。

（6）容量瓶用毕应及时洗涤干净,塞上瓶塞,并在塞子与瓶口之间夹一纸条,防止瓶塞与瓶口粘连。

任务 16　滴定管的使用

滴定管是一种准确量取溶液的量器,常用滴定管的容量为 25.00 mL 和 50.00 mL,每一大格为 1 mL,每一大格分为 10 小格,各为 0.10 mL。管中液面位置可读到小数点后面两位,如 20.00 mL。滴定管一般分为酸式和碱式两种,本实训采用酸式滴定管来量取一定体积的溶液。

酸式滴定管(见图 1-35(a))下端有玻璃旋塞,用左手的大拇指、食指、中指操作旋塞的开启和关闭。酸式滴定管可盛放酸性溶液和氧化性溶液,不宜盛放碱性溶液(避免腐蚀磨口和活塞,使活塞不能转动)。

碱式滴定管(见图 1-35(b))下端用乳胶管连接一尖嘴玻璃管,乳胶管内有一个玻璃球,用左手的拇指和食指轻轻地往一边挤压玻璃球,使管内形成一条狭缝,溶液便会从尖嘴滴出,并可控制流速。碱式滴定管可盛放碱性溶液,不宜盛放与乳胶管起反应的溶液,如 $KMnO_4$、I_2 等氧化性溶液。

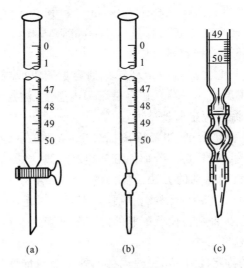

图 1-35　滴定管
(a) 酸式滴定管；(b) 碱式滴定管；(c) 碱式滴定管下端

滴定管的操作步骤如下。

（1）洗涤。用洗涤玻璃仪器的方法洗涤滴定管(避免使用去污粉作洗涤剂)。

（2）在玻璃旋塞处涂凡士林。酸式滴定管洗净后,需在玻璃旋塞处涂上薄薄的一层凡士林(见图 1-36),以保证玻璃旋塞处转动灵活、密封较好。方法是:将滴定管平放在台面上,抽出旋塞,用滤纸吸干旋塞和塞槽内的水,用手指蘸少量的凡士林在旋塞上均匀地涂一层,将旋塞插入塞槽内,沿同一方向旋转旋塞,直到旋塞处的油膜均匀透明。若发现

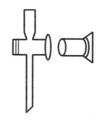

图 1-36 旋塞涂凡士林的方法

旋塞转动不灵活或旋塞上有纹路,则油量不够;若发现凡士林从旋塞缝挤出或旋塞孔被堵,则油量过多。一旦出现这类情况,应把旋塞和塞槽处擦干净后重新处理。为避免活塞松动脱落,应在涂凡士林后的滴定管活塞末端套上小橡皮圈。

(3)检查滴定管的密合性。

将酸式滴定管内充水至最高标线,垂直固定在滴定管架上,10～15 min 后观察旋塞周围和管口是否漏水。如果漏水,则转动旋塞,再观察,直到不漏水为止。

碱式滴定管应选择合适的尖嘴、玻璃球和乳胶管,组装后按上述方法检查碱式滴定管是否漏水,液滴是否能灵活控制。否则,需重新选材、装配。

(4)装液。在装入某溶液(滴定液)之前,需要将洗净的滴定管用 5～10 mL 该溶液荡洗 2～3 次,以免加入的滴定液被管壁的水膜稀释而降低浓度。方法(以酸式滴定管为例)是:先关好旋塞,倒入溶液,两手平端滴定管,即右手拿住滴定管上端无刻度部位,左手拿住旋塞端无刻度部位,边转边向管口倾斜,使溶液流遍全管,然后打开旋塞,使涮洗液由下端流出。然后,将滴定溶液直接加入洗好的滴定管中(滴定管应在垂直状态),至 0.00 mL 刻度稍上处,轻轻开启旋塞,缓缓放出溶液,使管内液面的位置逐步调整在 0.00 mL 刻度处。

如果滴定管尖嘴内有气泡,需按图 1-37 的方法排出空气后再调整液面。

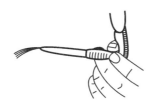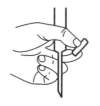

图 1-37 滴定管排气法

(5)滴定。将装满溶液的滴定管垂直地固定在滴定管架上。使用酸式滴定管滴定时,通常是左手握塞,大拇指在前,食指和中指在后,手指略微弯曲,手心空握,右手持瓶(见图 1-38),边滴边向同一方向摇动,使瓶内溶液不断旋转。临近滴定终点时,应一滴或半滴地加入,直到滴定终点。滴定完毕,静置约 1 min 后再读数。

使用碱式滴定管时,左手大拇指在前,食指在后,夹在乳胶管中的玻璃球偏上方处,轻轻地往一边挤压玻璃球,使管内形成一条狭缝,溶液即可流出。

(6)读数。读数时,由于在附着力和内聚力的影响下,滴定管内的液面呈弯月形,因此视线应对准管内液体弯月面下缘实线的最低处与刻度线相切的位置,且保持水平(见图

1-39),偏高或偏低均会带来误差。

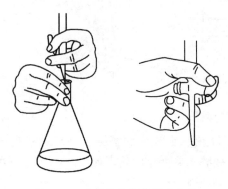 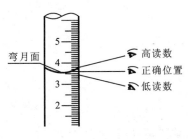

图1-38　酸式滴定管的滴定方法　　　　　　　　图1-39　滴定管读数

（7）实训结束后，将管内剩余溶液倒掉（不能倒回原试剂瓶中），用水洗净，然后装满纯水并垂直夹在滴定管架上。

 ## 任务17　电导率仪的使用

电导率仪是测定电解质溶液传导电流的能力的仪器，如图1-40所示。电导通常用符号G来表示，是电阻R的倒数。电导单位是西门子，用符号S表示。

若将某电解质溶液放入两平行电极之间，设电极间距离为L，电极面积为A，则电导为

$$G = \kappa \frac{A}{L}$$

式中：κ为该电解质溶液的电导率，其单位为S/m。L/A为电导池常数，俗称电极常数，以K_{cell}表示，单位为m^{-1}。

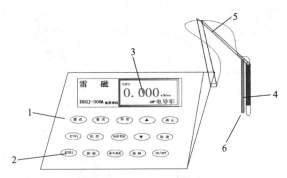

图1-40　DDSJ-308A 电导率仪

1—机箱；2—键盘；3—显示屏；4—电极；5—多功能电极架；6—温度传感器

1. 电导率仪的组成和操作方法

将两块平行的极板放到被测溶液中，在极板的两端加上一定的电压（通常为正弦波电压），然后测量极板间流过的电流。根据上述公式，电导率（κ）是所测电导（G）与电极常数

(L/A)的乘积。

（1）常用键盘说明：

"ON/OFF"：开关机键。按下"ON/OFF"键，仪器将显示厂标，仪器型号、名称，即"DDSJ-308A电导率仪"。几秒后，仪器自动进入上次关机时的工作状态，此时仪器采用的参数为最新设置的参数。如果不需改变参数，则无须进行任何操作，即可直接进行测量。测量结束后，按"ON/OFF"键，仪器关机。

"模式"：仪器有电导率、总溶解固态量（TDS）、盐度三种测量功能，按键可以在三种模式间进行转换。

电导电极：出厂时，每支电导电极都标有一定的电极常数值。用户若认为电极常数可能不正确，可按以下步骤进行标定：

根据电极常数，按表1-2选择合适的标准溶液。标准溶液的配制方法和随温度变化的电导率值分别见表1-3、表1-4。

（2）操作方法：

① 将电导电极接入仪器，将温度电极拔去，仪器默认温度为25 ℃，此时仪器所显示的电导率值是未经温度补偿的绝对电导率值；

② 用蒸馏水清洗电导电极，再用标准溶液清洗一次电极；

③ 将电导电极浸入标准溶液中；

④ 控制溶液温度为（25.0±0.1）℃、（20.0±0.1）℃、（18.0±0.1）℃或（15.0±0.1）℃；

⑤ 接上电源，进入电导率测量工作状态；

⑥ 根据所用电导电极选好电极常数的挡位（分 0.01 cm^{-1}、0.1 cm^{-1}、1.0 cm^{-1}、5.0 cm^{-1}、10.0 cm^{-1}五挡），并回到电导测量状态；

⑦ 待仪器读数稳定后，按下"标定键"；

⑧ 按"▲"或"▼"键使仪器显示表1-4中所对应的数据，然后按"确认"键，仪器将自动计算出电极常数值并储存（具有断电保护功能），随即自动返回测量状态；如按"取消"键，则仪器不作电极常数标定并返回测量状态。

表 1-2　测定电极常数的 KCl 标准溶液

电极常数/cm^{-1}	0.01	0.1	1	10
KCl 溶液近似浓度/(mol · L^{-1})	0.001	0.01	0.01 或 0.1	0.1 或 1

表 1-3　标准溶液的组成（20 ℃）

近似浓度/(mol · L^{-1})	KCl 的含量/(g · L^{-1})
1	74.2650
0.1	7.4365
0.01	0.7440
0.001	将 100 mL 0.01 mol · L^{-1} 的溶液稀释至 1 L

表 1-4　KCl 溶液近似浓度与随温度变化的电导率值

近似浓度 /(mol·L⁻¹)	电导率值/(μs·cm⁻¹)				
	15.0 ℃	18.0 ℃	20.0 ℃	25 ℃	30 ℃
1	92120	97800	101700	111310	131100
0.1	10455	11163	12852	11644	15353
0.01	1141.4	1220.0	1273.7	1408.3	1687.6
0.001	118.5	126.7	132.2	146.6	176.5

2. 操作举例

电导电极的电极常数为 0.995 cm⁻¹，则具体操作如下：

(1) 按"模式"键，屏幕显示进入电导率测量状态，再按"电极常数"键，仪器显示"选择"、"调节"等字样，其中："选择"指选择电极常数挡位；"调节"指调节当前挡位下的电极常数值，用"▲"或"▼"键即可调节电极常数或选择挡位。

(2) 按"▲"或"▼"键修改到电极标出的电极常数值：0.995。

(3) 按"确认"键，仪器自动将电极常数值"0.995"存入并返回测量状态，在测量状态中即显示此电极常数值。

3. 仪器使用说明

(1) 开机前准备：

① 按表 1-5，将温度传感器及相应的电导电极与电导率仪连接。

表 1-5　电导率范围及对应电极常数推荐表

电导率范围/(μS·cm⁻¹)	0.05~2	2~2000	2000~20000	20000~200000
电极常数/cm⁻¹	0.1	1	1	10

② 用蒸馏水清洗温度传感器及电导电极，用滤纸擦去表面水。

(2) 溶液电导率测定：

① 按下"ON/OFF"键开机，预热 10 min。

② 将温度传感器的探头及电导电极插入待测溶液中，轻摇，清洗电导电极；重取待测液，将温度传感器及电导电极插入待测溶液中。

③ 按下"模式"键，选择测量状态为"电导率"。

④ 按下"电极常数"键，用"▲"或"▼"键选择电极常数。

⑤ 按下"确认"键。

⑥ 读数。

 # 任务 18　分光光度计的使用

分光光度法是利用物质所特有的吸收光谱来鉴别物质或测定其含量的分析检测技术。该方法具有灵敏、精确、快速和简便等特点，广泛应用于各种无机离子、有机物、核酸、酶等的快速定量检测。

1. 分光光度法的基本原理

光是电磁波,具有一定的波长和频率。可见光的波长范围在 $400\sim760$ nm,紫外光为 $200\sim400$ nm。可见光因波长不同呈现不同颜色,具有单一波长的光称为单色光。利用棱镜或光栅可将白光(混合光)分成按波长顺序排列的各种单色光,即红、橙、黄、绿、青、蓝、紫等,这就是光谱。有色物质溶液能够选择性吸收一部分波长的可见光而呈现不同颜色,而某些无色物质能选择性吸收紫外光或红外光。

物质吸收由光源发出的某些波长的光可形成吸收光谱。由于物质的分子结构不同,对光的吸收能力不同,因此每种物质都有特定的吸收光谱,而且在一定条件下其吸收程度与该物质的浓度成正比。分光光度法就是利用物质的这种吸收特征对不同物质进行定性或定量分析的方法。

在分光光度分析中,有色物质溶液颜色的深浅取决于入射光的强度、有色物质溶液的浓度及液层的厚度。当一束单色光照射溶液时,入射光强度愈强,溶液浓度愈大,液层厚度愈大,溶液对光的吸收就愈多。它们之间的关系,符合物质对光吸收的定量定律,即朗伯-比尔(Lambert-Beer)定律。这就是分光光度法用于物质定量分析的理论依据。

朗伯-比尔定律:当一束平行单色光垂直通过某一均匀非散射的吸光物质时,吸光度 A 与吸光物质的浓度 c 及吸收层厚度 b 成正比,即

$$A = \lg(1/T) = \varepsilon bc$$

式中:A 表示吸光度;T 表示透射比(透射光强度与入射光强度之比);ε 表示摩尔吸收系数(与吸收物质的性质及入射光的波长 λ 有关);c 表示吸光物质的浓度;b 表示吸收层厚度。

2. 分光光度计的基本结构

无论哪一类分光光度计,都包括光源、单色器、吸收池、检测器和信号显示系统等五个主要部分。

(1)光源:在紫外-可见分光光度计中,常用的光源有两类,即热辐射光源和气体放电光源。热辐射光源用于可见光区,如钨灯和卤钨灯;气体放电光源用于紫外光区,如氢灯和氘灯。

(2)单色器:单色器的主要结构包括入射狭缝、出射狭缝、色散元件和准直镜等。单色器质量的优劣,主要取决于色散元件的质量,色散元件常用棱镜和光栅。

(3)吸收池:吸收池又称比色皿或比色杯,按材料可分为玻璃比色皿和石英比色皿,前者不能用于紫外区。比色皿的种类很多,其光程可在 $0.1\sim10$ cm 之间,其中以 1 cm 光程比色皿最为常用。

(4)检测器:检测器的作用是检测光信号,并将光信号转变为电信号。多采用光电管或光电倍增管作为检测器。

(5)信号显示系统:常用的信号显示装置有直读检流计、数字显示装置和微机等。

3. 722S 型可见分光光度计的使用方法

1)仪器的结构功能

722S 型可见分光光度计的结构功能见表 1-6。

表 1-6　722S 型可见分光光度计的结构功能

编号	结构	名称	功　　能
1	`936`	数值显示窗	显示测试值、出错信息和溢出信息(4 位 LED 数字)
2	0%ADJ ⬇	0%ADJ 键	当透射比指示灯亮时,用于自动调整 0%(T)(一次未到位可加按一次);当吸光度指示灯亮时,该键不起作用;当浓度因子指示灯亮时,用于增加浓度因子的设定值;当浓度直读指示灯亮时,用于增加浓度直读的设定值
3	100%ADJ ⬆	100%ADJ 键	当透射比指示灯亮时,按下一次,自动调整 100%(T)(一次未到位可加按一次);当吸光度指示灯亮时,仍作为 100%(T) 的设定键,显示吸光度值"0.000";当浓度因子指示灯亮时,用于减小浓度因子的设定值;当浓度直读指示灯亮时,用于减小浓度直读的设定值
4	MODE	MODE 键	用于选择操作模式。连续按下 MODE 键,按透射比、吸光度、浓度因子、浓度直读的工作次序,指示灯循环点亮,指示仪器当前的操作模式
5	FUNC	FUNC 键	预定功能扩展键:当浓度因子指示灯亮时,用于设定浓度因子时的数字移位;当浓度直读指示灯亮时,用于设定浓度直读时的数字移位等
6	● TRANS ABS FACT CONC	模式指示灯	"TRANS"透射比指示灯:当该指示灯亮时,指示仪器处于测量透射比的操作模式;"ABS"吸光度指示灯:当该指示灯亮时,指示仪器处于测量吸光度的操作模式;"FACT"浓度因子指示灯:当该指示灯亮时,指示仪器处于设定浓度因子的操作模式;"CONC"浓度直读指示灯:当该指示灯亮时,指示仪器处于测量浓度和浓度直读的操作模式
7		波长旋钮	调节波长用
8		波长视窗	指示设定波长
9		样品室	供安装各种样品室附件用,开启样品室盖可切断光路,此时光源发出的光不能直接经过样品进入检测设备
10		样品架拉杆	用于改变样品架的位置。拉动拉杆,可使不同的样品依次进入光路

2）仪器的使用步骤

（1）预热：为使仪器内部达到热平衡，开机后应进行 30 min 以上的预热。在预热的过程中，应打开样品室盖，切断光路。因为检测器（光电管）有一定的使用寿命，须尽量减少对光电管的光照。

（2）选定波长：根据实训的需要，调节波长旋钮改变仪器的波长值。调节波长时，视线要与视窗垂直。

（3）放置参比样品和待测样品：先选择测试用的比色皿，并向比色皿里注入参比样品和待测样品；然后将盛好样品的比色皿放到四槽位样品架内；最后用样品架拉杆调节四槽位样品架的位置，当拉杆到位时有定位感，到位时须前后轻轻推拉一下以确保定位正确。

（4）调 $0\%(T)$。

① 目的：校正读数标尺的零位，配合调 $100\%(T)$ 进入正确测试状态。分光光度计的检测器是基于光电效应的原理，但当没有光照射到检测器上时，也会有微弱的电流产生（暗电流）。调 $0\%(T)$ 主要用来消除这部分电流对测定结果的影响。

② 调整时机：改变测试波长时；测试一段时间后。

③ 操作方法：检视透射比指示灯是否亮。若不亮则按 MODE 键，点亮透射比指示灯。打开样品室盖，切断光路，按 0% ADJ 键即能自动调 $0\%(T)$。一次未到位可加按一次。

（5）调 $100\%(T)$。

① 目的：校正读数标尺的零位，配合调 $0\%(T)$ 进入正确测试状态。

② 调整时机：改变测试波长时；测试一段时间后。

③ 操作方法：将用做参比的样品放入样品室光路中，关闭样品室盖，按 100% ADJ 键即能自动调 $100\%(T)$。一次未到位可加按一次。

（6）改变操作模式：本仪器设置有透射比、吸光度、浓度因子、浓度直读等四种操作模式，分别用于测试透射比、测试吸光度、设定浓度因子、测试浓度和浓度直读。开机时仪器的初始状态设定在透射比操作模式。

（7）应用操作。

① 测定溶液的透射比：按下列顺序进行。

预热→设定波长→放置参比样品和待测样品→调 $0\%(T)$→调 $100\%(T)$→选择透射比操作模式→拉动拉杆，使待测样品进入光路→记录测试数据。

② 测定溶液的吸光度：按下列顺序进行。

预热→设定波长→放置参比样品和待测样品→调 $0\%(T)$→调 $100\%(T)$→选择吸光度操作模式→拉动拉杆，使待测样品进入光路→记录测试数据。

③ 测定样品的吸收（A-λ）曲线：

在要求测量的波长范围内，以合适的波长间隔，逐点按测定样品吸光度的步骤重复进行，并将各波长对应的吸光度数据标记在坐标纸上，即呈现该样品的吸收（A-λ）曲线。

④ 运用 A-c（吸光度-浓度）标准曲线测定物质浓度：按下列顺序进行。

按照分析规程配制不同浓度的标准样品溶液并记录→按分析规程配制标准参比溶液→预热，改变波长，放置参比样品和待测样品，调 $0\%(T)$，调 $100\%(T)$→选择吸光度操作

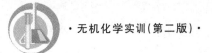
模式→测出不同浓度的标准溶液和待测样品对应的吸光度,并记录各数组→根据不同浓度的标准溶液对应的吸光度数据手工绘制 A-c 曲线,或运用计算机软件拟合出 A-c 曲线→根据待测样品吸光度,在 A-c 曲线上找出对应的浓度。

3)比色皿的使用注意事项

(1)比色皿要配对使用,因为相同规格的比色皿仍有或多或少的差异,致使光通过比色溶液时,吸收情况有所不同。

(2)注意保护比色皿的透光面,拿取时,手指应捏住其毛玻璃的两面。

(3)应注意比色皿放入比色皿槽架时有固定朝向。

(4)如果试液是易挥发的有机溶剂,则应加盖后,放入比色皿槽架。

(5)倒入溶液前,应先用该溶液淋洗内壁三次,倒入量不可过多,不超过比色皿容积的 4/5。

(6)使用完毕后,应立即用蒸馏水仔细淋洗,并以吸水纸吸去外壁水珠,放回盒内。

(7)不得在火焰或电炉上进行烘烤比色皿。

(8)调 100%(T)时,仪器的自动增益系统调节可能影响 0%(T),调整后应检查 0%(T)。若有变化,应重复调整 0%(T)。

4)仪器日常维护

(1)清洁仪器外表时宜用温水,切忌使用乙醇、乙醚、丙酮等有机溶剂,用软布和温水轻擦表面即可擦净。仪器不使用时,用防尘罩保护。

(2)波长范围由定位机构限定,旋转波长调节旋钮至两端时,调到即止,切勿用力过大,以免损坏定位机构。

项目四 实训结果的表达及实训报告格式

任务 19 实训结果的表达

为了表示实训结果并分析其规律,需要将实训数据进行归纳和整理。在无机化学实训中,主要采用列表法和作图法。

1. 列表法

在无机化学实训中,最常用的是函数表。将自变量 x 和因变量 y 排成表格,用表格的方式表示两个变量 x 和 y 的关系。列表时应注意以下几点。

(1)每一个表格必须有简明的名称。

(2)标明行名及量纲。将表格分为若干行,每一变量应占表格中的一行,每一行的第一列应写上该行变量的名称及量纲。

(3)每一行所记录的数字应注意其有效数字的位数。当用指数表示数据时,为简便起见,可将指数放在行名旁。

（4）自变量的选择有一定的灵活性。通常选择较简单的变量（如温度、时间、浓度等）作为自变量。

2. 作图法

实训数据常需要通过作图来处理。作图法可直接显示出数据的特点、数据变化的规律。根据作图还可求得斜率、截距、外推值等。因此，作图的好坏与实训结果有着直接的关系。以下简要介绍一般的作图方法。

（1）准备材料：作图需要用到直角坐标纸、铅笔（以 1H 的硬铅笔为好）、透明直角三角板、曲线尺等。

（2）选取坐标轴：在坐标纸上画两条互相垂直的直线，一条为横坐标，另一条为纵坐标，分别代表实训数据的两个变量，习惯上以自变量为横坐标，因变量为纵坐标。坐标轴旁需要标明其代表的变量和单位。

（3）坐标轴上比例尺的选择：从图上读出的有效数字与实训测量的有效数字要一致；每一格所对应的数据要易读，便于计算；要考虑图的大小布局，要能使数据的点分散开，有些图不必把数据的零值作为坐标原点。

（4）标定坐标点：根据数据的两个变量在坐标内确定坐标点，可用×、⊙、△等符号表示。同一曲线上各个相应的标定点要用同一种符号。

（5）画出曲线：用均匀光滑的曲线（或直线）连接坐标点，要求这条线能通过较多的点，但不要求通过所有的点。没有被连上的点，也要均匀地分布在曲线的两边。

任务 20　实训数据的记录及处理

1. 测量误差与有效数字

1）误差的种类

在进行物理量的测量时，由于外界条件的影响，以及测量技术和实验者的观察能力的限制，测量值都有误差。按产生误差的原因可以将其分为三类。

（1）系统误差。

系统误差又称恒定误差。这种误差使测量结果总是偏向某一方，使所测的数据恒偏大或恒偏小。引起系统误差的因素有：测量仪器未经校准或调节不当；实验方法不够完善；计算公式的近似性；化学试剂的纯度不够；实验操作者的不良习惯等。

这种误差不能依靠增加测量次数取平均值来消除。一般是采用不同的实验方法或选用不同的仪器测同一物理量，看结果是否一样等方法，首先发现系统误差，而后通过对仪器的校正和精心调节、实验方法的改进、试剂的提纯、实验者操作上的不良习惯的改正等措施使之消除或减少到最低程度。

（2）随机误差。

随机误差又称偶然误差。这种误差是由于外界条件（如温度、湿度、压力、电压等）不可能绝对保持恒定，它们总是不时地发生着不规则的微小变化，以及实验者在估计仪器最小分度值以下数值时难免有时略偏大，有时略偏小等。所以随机误差有时大，有时小；有时正，有时负。虽然可通过改进测量技术、提高实验者操作熟练程度来减小，但不可避免。

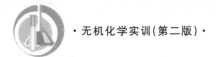
所幸随机误差一般服从正态分布规律,其分布特点之一是绝对值相等的真误差和负误差出现的概率相等,因此可采用多次测量取平均值的办法来消除。

如果对某个量做 n 次测定,得测量值 $x_1, x_2, \cdots, x_n$,而真值为 x,则每次测量的误差为

$$\delta_1 = x_1 - x$$
$$\delta_2 = x_2 - x$$
$$\vdots$$
$$\delta_n = x_n - x$$

将上式各项相加得

$$\delta_1 + \delta_2 + \cdots + \delta_n = x_1 + x_2 + \cdots + x_n - nx$$
$$x = (x_1 + x_2 + \cdots + x_n)/n - (\delta_1 + \delta_2 + \cdots + \delta_n)/n$$

当测量中只存在随机误差,而且测量次数足够多时,根据上述随机误差的分布特点,上式右边第二项趋于 0,所以

$$x = \frac{x_1 + x_2 + \cdots + x_n}{n} = \bar{x}$$

即 n 次测量结果的算术平均值 $\bar{x}$ 可以代替真值。

(3)过失误差。

由于操作不仔细(如读数时看错、加错试剂、记录时写错等)而造成的误差称为过失误差。只要实验者严肃、认真地进行实验工作,这种误差就可避免。

总之,一个好的测量结果应该只含有随机误差。

2)有效数字

有效数字是由准确数字与一位可疑数字组成的测量值。有效数字的有效位反映了测量的精度。有效位是指从数字最左边第一位不为零的数字起到最后一位数字止的数字个数。例如,20.57 g、0.02057 kg 都是 4 位有效数字,最后一位数字是估计出来的,为可疑数字,但它不是臆造的,所以记录时必须保留。注意:首位数字$\geqslant$8 的数据,其有效数字位数可多算一位,如 8.64 可视为 4 位有效数字,而对于常数、系数等,有效数字的位数没有限制。

确定有效数字的运算规则:

(1)加减运算:测量值相加减,所得结果有效数字的位数和参与运算的数据小数点后位数最少的那个数据相同。例如,21.35、21.346 及 21.6435 三数相加,结果为 64.34。

(2)乘除运算:测量值相乘时,所得结果的有效数字位数应和参与运算的数据中有效数字位数最少者相同,而与小数点的位数无关。例如,21.35、2.068 与 0.564 三个数相乘,结果为 24.9。

(3)对数运算:如 pH 和 lg$K$ 等,有效数字的位数取决于小数部分数字的位数,整数部分决定数字的方次。例如,$c(H^+) = 5.5 \times 10^{-5}$ mol·L^{-1},它有两位有效数字,所以 pH $= -\lg c(H^+) = 4.74$,尾数 74 是有效数字,与 $c(H^+)$ 的有效数字位数相同。

修约规则:"四舍六入五留双。"例如,将下列数字修约为 4 位有效数字:

76.38476→76.38   76.38729→76.39
＊76.38501→76.39   76.38500→76.38

＊末位数字后的第一位数为 5,且其后的数字不全为 0,则将末位数的数值加 1。

3）数据读取

读取数据时,通常在最小准确度量单位后再估读一位。例如,滴定分析中,滴定管最小刻度为 0.1 mL,读数时要读到小数点后第二位。若始读数为 0.0 mL,应记做 0.00 mL;若终读数在 24.3 mL 与 24.4 mL 之间,则要估读一位,如读数为 24.32 mL 等。

2. 实训数据的记录

学生应有专门的、预先编有页码的实训记录本,不得撕去其任何一面。不允许将数据记在单面纸或小纸片上,或记在书上、手掌上等。实训记录本可与实训报告本共用,实训后即在实训记录本上写出实训报告。

实训过程中的各种测量数据及有关现象,应及时、准确、清楚地记录下来。记录实训数据时,要有严谨的科学态度,要实事求是,切忌夹杂主观因素,不得随意拼凑或伪造数据。

实训过程中记录测量数据时,应注意其有效数字的位数。用分析天平称重时,要求记录到 0.0001 g;用滴定管及吸量管测体积时,应记录至 0.01 mL;用分光光度计测量溶液的吸光度时,若吸光度在 0.6 以下,应记录至 0.001,大于 0.6 时,则要求记录至 0.01。

实训记录本上的每一个数据都是测量结果,所以重复观测时,即使数据完全相同,也都要记录下来。

进行记录时,对文字记录,应整齐清洁;对数据记录,应采用一定的表格形式,这样就更加清楚。

在实训过程中,若发现数据算错、测错或读错而需要改动,可在该数据上画一横线,并在其上方写上正确的数字。

3. 实训数据的处理

为了衡量分析结果的精密度,一般对单次测定的一组结果 $x_1, x_2, \cdots, x_n$,计算出平均值后,再用单次测量结果的相对误差、平均误差、标准误差等表示出来,这些是分析实训中最常用的几种处理数据的方法。

1）绝对误差和相对误差

测量值与真值之差,称为绝对误差。有时为了方便计算,采用多次测量值的平均值来代替真值。

$$\delta_i = x_i - x = x_i - \overline{x}$$

绝对误差与真值之比,称为相对误差。

$$A_i = \frac{\delta_i}{x} = \frac{x_i - \overline{x}}{x} \times 100\%$$

可见,相对误差不仅与绝对误差有关,还与被测量的大小有关,因此便于比较不同量的测量结果。

2）平均误差

平均误差　　　$$\delta = \frac{\sum |x_i - \overline{x}|}{n}, \quad i = 1, 2, \cdots, n$$

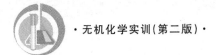

3）标准误差

标准误差又称均方根误差,在有限次测量中表示为

$$\sigma = \sqrt{\frac{\sum (x_i - \overline{x})^2}{n-1}}$$

平均误差计算简便,但在反映测量精密度时不够灵敏。若对同一测定量有两组(甲、乙)数据,甲组每次测量的绝对误差彼此接近,乙组每次测量的绝对误差有大、中、小之分。如用 δ 表示,可能得到相同的结果;用 σ 表示,就看出它们之间的差别。

测量结果表示为 $\overline{x} \pm \delta$ 或 $\overline{x} \pm \sigma$。

4）一次测量值的误差估计

如果对某一物理量测定三次以上,可求出平均误差。而有些物理量只测定一次,这时可按仪器精密度估计误差。如 1 ℃ 刻度的温度计误差估计为 ± 0.2 ℃,贝克曼温度计误差估计为 ± 0.002 ℃,50 mL 滴定管的误差估计为 ± 0.02 mL,分析天平的误差估计为 $\pm 0.000 2$ g 等。

5）准确度与精密度

准确度是指测量值与真值的符合程度。系统误差和随机误差都小,测量值的准确度就高。精密度是指测量值重复性的好坏。随机误差小,测量值的重复性好,精密度就高。高精密度不一定有高的准确度,而高的准确度必须由足够的精密度来保证。

通过误差分析可知,对一次实训各项测量的准确度既不能盲目要求高标准,也不能强求一律,而是应该通过具体分析加以区别对待。

任务 21　实训报告格式示例

实训完毕,应用专门的实训报告本,根据预习和实训中的现象及数据记录等,及时认真地写出实训报告。化学实训报告的内容大致包括以下几方面。

1. 无机化学性质实训报告

实训(编号)名称

【实训目的】

【实训原理】

【主要试剂和仪器】

【实训步骤】

【实训数据及其处理】

【问题讨论】

应简要地用文字和化学反应式说明。应列出实训中所使用的主要试剂和仪器。应简明扼要地写出实训步骤。对特殊仪器的实训装置,应画出实训装置图。应用文字、表格、图形将数据表示出来。"实训数据及其处理"部分,应根据实训要求及计算公式计算出结果并进行有关数据和误差处理,尽可能地使记录表格化。"问题讨论"包括解答实训教材中的思考题和对实训中的现象、产生的误差等进行讨论和分析,尽可能地结合分析化学中的有关理论,以提高自己分析问题、解决问题的能力,也为以后的科学研究论文的撰写打下一定的基础。

2. 无机化学制备实训报告

实训(编号)名称

【实训目的】

【基本原理】(简述)

【简单流程】

【实训过程与主要现象】

【实训结果】

【产　　量】

【质量鉴定】

【问题和讨论】

【总结与建议】

【实训习题】

模块二

无机化学实训

项目一　无机化学实训的基本操作与技能训练

实训1　仪器的认领、洗涤和基本操作训练

实训目的

（1）熟悉无机化学实训室的规则和要求。

（2）认领无机化学实训的常用仪器,熟悉其名称、规格,了解其使用时的注意事项。

（3）掌握常用实训仪器的洗涤和干燥方法并练习其操作。

预习要求

（1）了解无机化学实训室安全守则和意外事故的应急处理方法。

（2）对照无机化学实训常用仪器介绍(附录 M),了解无机化学实训常用仪器的名称、规格、用途和注意事项。

参考学时

2 学时。

仪器及试剂

（1）仪器:试管、烧杯、表面皿、蒸发皿、漏斗、量筒、烧瓶、容量瓶、酒精灯、酒精喷灯、石棉网、试管夹、三脚架、研钵、打孔器、洗气瓶、试管刷等。

（2）试剂:去污粉等。

实训内容

（1）熟悉无机化学实训室的要求和安全守则(见模块一的项目一、项目二)。

（2）认领仪器。化学实训中常用仪器如图 2-1、图 2-2 所示。明确每个人的实训柜号及实训分组，认领并清点仪器，认识常用仪器，了解其使用方法（见图 2-3、图 2-4）。

图 2-1　化学实训中常用仪器一

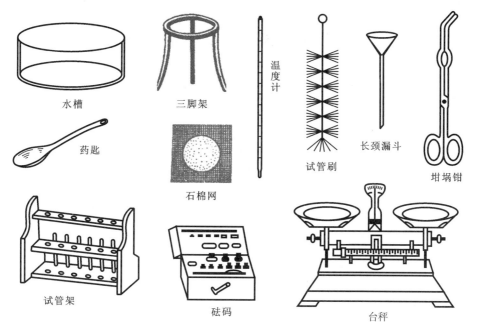

图 2-2　化学实训中常用仪器二

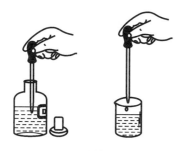

图 2-3　用滴管滴加试剂

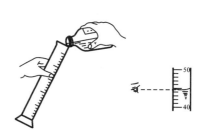

图 2-4　液体的量取

(3) 玻璃仪器的洗涤与干燥(见任务 7)。

注意事项

(1) 若仪器内附有不溶于水的碱、碳酸盐、碱性氧化物等,可用 6 mol·L^{-1} HCl 溶液溶解,再用水冲洗。油脂等污物可用热的纯碱溶液洗涤。

(2) 口小、管细的仪器,不便用刷子洗,可用少量王水或铬酸洗液洗涤。

(3) 带有刻度的计量仪器不能用加热的方法进行干燥。

实训思考

(1) 怎样验证玻璃仪器已经洗涤干净?

(2) 使用铬酸洗液时应注意哪些问题?

(3) 容量瓶、量筒能否采用加热的方法进行干燥? 为什么?

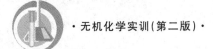

实训 2　台秤、分析天平和电子天平的使用

实训目的

(1) 熟练掌握台秤的使用方法。

(2) 了解分析天平的构造,掌握分析天平的使用方法。

(3) 熟练掌握直接称量法和减量称量法,并学会正确使用称量瓶称量。

(4) 了解电子天平的使用方法。

预习要求

(1) 了解天平的称量原理。

(2) 掌握用台秤称量时的步骤与注意事项。

(3) 简单了解分析天平的操作和称量方式。

参考学时

4 学时。

实训原理

1. 台秤、分析天平和电子天平的简介

台秤、分析天平和电子天平都是实训室常用的称量仪器,台秤能迅速称量物质的质量,但准确度不高,一般只能准确到 0.1 g;分析天平的准确度能达到 0.0001 g;电子天平的准确度能达到其最大称量值的 10^{-5}。下面介绍这几种实训室常用的称量仪器及常用称量方法。

1）台秤

台秤又名托盘天平,其构造如图 2-5 所示。

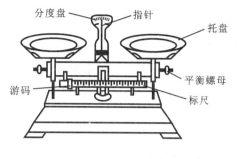

图 2-5 台秤

（1）使用前先调整台秤的零点。将游码拨至标尺左端"0"处,观察指针摆动时在分度盘两侧摆动距离是否相等。若相等,表明台秤已调至平衡,可以使用;否则调节右侧的平衡螺母直至平衡。

（2）物品的称量。遵循"左物右码"的原则,即称量物放在左盘,砝码放在右盘。对于不同规格的台秤,5 g 或 10 g 以上的砝码放在砝码盒内,取用时用镊子夹取。5 g 或 10 g 以下的质量,可借助游码来调节,使指针在刻度盘左、右两边摇摆的距离几乎相等为止。记下砝码和游码的数值至小数点后第一位,即左盘称量物的质量。称量固体药品时,应在两盘内各放一张质量相仿的称量纸,然后用药匙将药品放在左盘的纸上(称 NaOH、KOH 等易潮解或有腐蚀性的固体时,应衬以表面皿)。称量液体药品时,要用已称量过质量的容器盛放药品,操作方法同前(注意:台秤不能称量热的物品)。

（3）称量结束后的整理。称量后,取下盘中的物品,把砝码放回砝码盒中,将游码退至左边刻度"0"处。将秤盘放在一侧或用橡皮圈架起,以免摆动。

台秤应保持清洁,如果不小心把药品洒在台秤上,必须立刻清除。

2）分析天平

分析天平的精度一般能够达到万分之一克(0.1 mg)。分析天平的种类繁多,根据结构特点,可以分为等臂(双盘)天平和不等臂(单盘)天平,我国常用的有半机械加码电光天平(简称半自动电光天平)和单盘天平。

（1）半机械加码电光天平。

半机械加码电光天平整个放在玻璃罩内,称量时不受外界空气流动等因素的影响。罩内放有硅胶等吸湿剂,以保持天平各部件的干燥。半机械加码电光天平称量时左盘放称量物,右盘放砝码,与全自动电光天平不同。全自动电光天平使用时左盘放砝码,右盘放称量物。半机械加码电光天平结构如图 2-6 所示。

① 横梁。横梁是天平的主要部件,一般由轻质、坚固的铝铜合金制成。梁上等距离安装有三个玛瑙刀,梁的两端装有平衡螺丝,用来调节横梁的平衡位置(即粗调零点),梁的中间装有垂直向下的指针,用以指示平衡位置。支点刀的后方装有重心调节螺丝,用以调整天平的灵敏度。

② 立柱。天平正中是立柱,安装在天平底板上。立柱的上方嵌有一块玛瑙平板,与

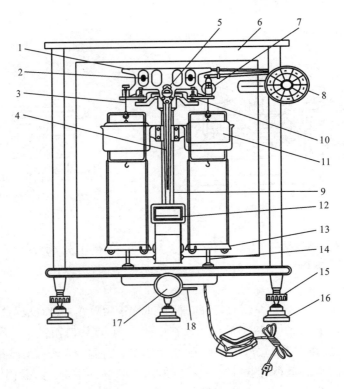

图 2-6　半机械加码电光天平

1—横梁；2—平衡螺丝；3—吊耳；4—指针；5—支点刀；6—框罩；7—环码；

8—机械加码器；9—支柱；10—托叶；11—阻尼器；12—微分刻度标尺光屏；13—秤盘；

14—盘托；15—螺旋脚；16—垫脚；17—升降旋钮；18—零点微调杆(或扳手)

支点刀口相接触。柱的上部装有能升降的托叶,关闭天平时能托住横梁,使之与玛瑙刀口脱离接触,以减少磨损。

③ 悬挂系统。悬挂系统包括三部分。一是吊耳,它的平板下面嵌有玛瑙平板,并与梁两端的玛瑙刀口接触,使吊钩及秤盘、阻尼器内筒能自由摆动。二是阻尼器,它由两个特制的金属圆筒构成,外筒固定在立柱上,内筒挂在吊耳上。两筒间隙均匀,没有摩擦。开启天平后,内筒能上、下自由运动,由于筒内空气阻力的作用,天平横梁能够很快停摆而达到平衡。三是秤盘,两个秤盘分别挂在吊耳上,左盘放称量物,右盘放砝码。

④ 读数系统。指针固定在天平横梁中央,指针的下部装有微分刻度标尺光屏,在屏上可以看到标尺的投影,中间为零,左负右正。若投影与光屏中央的垂直刻度线重合,则说明天平处于平衡位置。

⑤ 天平的升降旋钮。天平的升降旋钮位于天平底板正中央,是天平的制动装置,它连接着托叶、盘托和光源开关。使用天平时,顺时针旋转升降旋钮,托叶即降下,梁上的三个刀口与相应的玛瑙刀相接触,吊耳与秤盘自由摆动,同时接通光源,屏幕上显示出标尺的投影,天平进入工作状态。停止称量时,逆时针旋转升降旋钮,横梁、吊耳及盘托被托住,刀口与玛瑙平板脱离,光源切断,天平进入休止状态。

⑥ 天平箱及水平调节。分析天平放在天平箱内,用以保护天平不受灰尘、潮湿、气流

等因素的影响。天平箱的下部装有三只脚,后边的一只垫脚用于固定天平,前边的两只螺旋脚用于调节天平使其处于水平状态,天平立柱的后方装有气泡水平仪,用来指示天平的水平状态。

⑦ 机械加码器。转动机械加码器,可使天平横梁右端上加 $10 \sim 990$ mg 环码。机械加码操作简单,同时可以减少因多次开、关天平门而造成的气流影响。

⑧ 砝码。每台天平都附有一盒配套使用的砝码,盒内装有 1 g、2 g、2 g、5 g、10 g、20 g、20 g、50 g、100 g 的砝码共 9 个。取用砝码时要用镊子,用完及时放回盒内并盖严。

半机械加码电光天平是一种精密而贵重的仪器。为了保持仪器的精密度,得到准确的称量结果并保持天平的使用寿命,在使用时应按照以下步骤进行。

① 取下防尘罩,叠平后放在天平箱上面。检查天平是否处于水平状态,两秤盘是否洁净,硅胶(干燥剂)是否靠住秤盘,环码盘是否在"0.00"位置及环码有无脱落等。

② 调节零点。打开电源,开启升降旋钮,此时可以看到标尺投影在光屏上移动,当标尺稳定后,如果屏幕中央的刻度线和标尺上的"0.00"不重合,可调节零点微调杆移动屏幕位置,使屏中刻度线恰好与标尺中的"0.00"线重合,即为零点。如果屏幕移至尽头仍不能与"0.00"线重合,则应关闭天平,调节横梁上的平衡螺丝,再开启天平继续调节零点微调杆直至零点,然后关闭天平,准备称量。

③ 称量。将要称量的物体放在台秤上进行粗称,然后放在分析天平左盘中心,根据在台秤上称得的数据在天平右盘上加砝码至克位。半开天平,观察标尺移动的方向或指针的倾斜方向,光标总是倾向于重盘所在的方向,以此判断所加砝码是否合适。若不合适,则加减砝码直至合适。然后关闭天平门,操作机械加码器,加减环码,直至投影屏上的零点标线与标尺投影在某一读数重合为止,完全开启天平,准备读数。

④ 读数。待标尺停稳后,读出标尺上的质量,即 10 mg 以下的质量。根据

称量物质量＝砝码总质量＋环码总质量＋标尺质量

计算出称量物的质量,并将称量的数据及时记在记录本上。

⑤ 关闭天平。称量、记录完成后,随即关闭天平,取出称量物,将砝码放回砝码盒,将机械加码器调至零位,关闭天平门,盖上防尘罩。

（2）单盘天平。

半机械加码电光天平属于双盘天平,而单盘天平只有一个天平盘,挂在天平梁的一臂上,天平盘的上部挂着全部的砝码,另一臂上挂有平衡锤和阻尼器,使天平维持平衡状态。单盘天平是一种比较先进的分析天平,结构如图 2-7 所示。

单盘天平采用减砝码的方式进行称量,将称量物放在天平盘上,然后减去与称量物相同质量的砝码,减去的砝码的质量就是称量物的质量,能够从读数装置上直接读出。

单盘天平具有灵敏度恒定、准确、称量速度快、操作方便等优点。单盘天平在进行称量时采用全机械加码,称量速度快;砝码跟称量物在同一臂上,没有不等臂误差,提高了称量的准确性;称量过程中天平梁的负荷量没有变化,天平梁不会发生形变,因此天平灵敏度恒定。

目前单盘天平的型号、数量日益增多,精度也不断提高,在国外已出现了取代双盘天平的趋势。

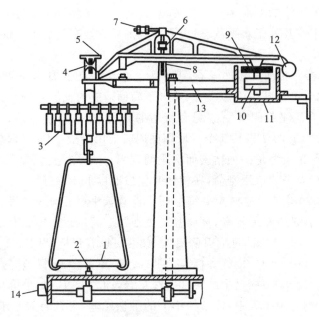

图 2-7　单盘天平

1—秤盘；2—盘托；3—砝码；4—承重刀和刀承；5—挂钩；6—感量螺丝；7—平衡螺丝；8—支点刀和刀承；
9—空气阻尼片；10—平衡锤；11—空气阻尼筒；12—微分刻度板；13—横梁支架；14—制动装置

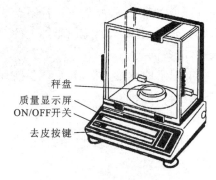

秤盘
质量显示屏
ON/OFF开关
去皮按键

图 2-8　BP210S 型电子天平

3) 电子天平

(1) 电子天平的分类。

电子天平是最新一代天平，它由高稳定性传感器和单片微机组成，通过电磁力补偿调节的方式实现力平衡，或通过电磁力矩调节的方式来实现力矩平衡，从而进行质量的测定。图 2-8 所示为 BP210S 型电子天平外形。

电子天平是常量电子天平、半微量电子天平、微量电子天平和超微量电子天平的总称。

电子天平按精度可分为以下几类。

① 常量电子天平：称量范围一般为 $100 \sim 200$ g，精度能达到最大称量值的 10^{-5}。

② 半微量电子天平：称量范围一般为 $20 \sim 100$ g，精度能达到最大称量值的 10^{-5}。

③ 微量电子天平：称量范围一般为 $3 \sim 50$ g，精度能达到最大称量值的 10^{-5}。

④ 超微量电子天平：称量范围一般为 $2 \sim 5$ g，精度能达到最大称量值的 10^{-6}。

(2) 使用电子天平的一般步骤。

① 使用前首先清洁秤盘，检查并调节天平至水平状态。

② 接通电源，按下"ON"键，系统开始自检，自检结束后显示屏显示"0.0000"，如果空载时有数据，按一下清除键归零。

③ 称量，将称量物轻轻放在秤盘上，待显示屏上数字稳定后，读数，并记下称量结果。

④ 称量完毕，取下称量物。若较长时间不用天平，应切断电源，盖好防尘罩。

2. 称量方法

用分析天平称取试样时,大致有直接称量法、指定质量称量法和递减称量法三种方法。

(1) 直接称量法。

直接称量法是直接称取某一物体质量的方法。将天平调零后,将被称物(如坩埚、小烧杯、表面皿等)直接置于天平的左盘,根据粗称的结果在右盘上放置合适的克位以上砝码,关闭天平门,加、减环码至投影屏上中央刻线与标尺上某一读数重合,读取称量物的质量。

(2) 指定质量称量法。

当称量物不吸水、在空气中性质稳定(如金属试样、矿石试样等)时,可采用此法。此时常用表面皿、称量纸等作为称量器皿。称量时先准确称出称量器皿的质量,然后根据要称取的试样质量,在天平右盘放同等质量的砝码,在左盘的称量器皿上加入略少于欲称量质量的试样,然后轻轻振动药匙增加试样,使平衡点达到所需数值。

(3) 递减称量法。

对于易吸湿、氧化、挥发等在空气中不稳定的试样,可采用递减称量法。

称量时先在干净的称量瓶中装一些试样,在天平上准确称得其质量,记为 m_1,然后取出称量瓶,倒出一部分试样(约为所需的量),再称得其质量,记为 m_2,前后两次质量之差 $m_1 - m_2$,即为倒出样品的质量。如此继续操作,可称取多份试样。即

$$第一份试样质量(g) = m_1 - m_2$$
$$第二份试样质量(g) = m_2 - m_3$$

应注意的是,如果一次倾出的试样量不足,可按上述操作继续倾出,但若超出所需要的质量范围,就不能将倾出的试样再倒回到称量瓶中,此时只能弃去倾出的试样,重新称量。

仪器及试剂

(1) 仪器:台秤、表面皿、半机械加码电光天平、称量瓶、纸带、干燥器。
(2) 试剂:铜片、氯化钠。

实训内容

1. 台秤称量练习
(1) 将台秤水平放置,游码归零,调至平衡。
(2) 遵循"左物右码"的原则,称取铜片的质量并记录。
(3) 分别称取 2.0 g、3.0 g 的氯化钠各 1 份。
2. 分析天平称量练习
(1) 称量前的准备。
① 取下天平防尘罩,叠好放在顶部。
② 参照图 2-6,了解分析天平的结构及各部件的用途。

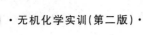

③ 观察天平立柱后的水准仪是否指示水平状态,若天平不处于水平状态,应调节螺旋脚,使天平处于水平状态。

④ 检查天平横梁、秤盘、吊耳的位置是否正常,环码是否脱落,指数盘是否回零,秤盘上若有灰尘,应用软布轻轻擦净。转动升降旋钮,使横梁轻轻放下,观察指针的摆动是否正常,并检查砝码盒中的砝码是否齐全。

⑤ 调节好天平零点,准备称量。

(2) 称量练习。

① 将在台秤上预称过的小铜片在分析天平上准确称量(准确至 0.1 mg),记下其质量,称量三次,取其平均值作为铜片的质量。

② 用洁净的纸带从干燥器中夹取盛有氯化钠粉末的称量瓶(见图 2-9(a)),在台秤上预称其质量后,再在分析天平上准确称量,记下其质量(m_1)。

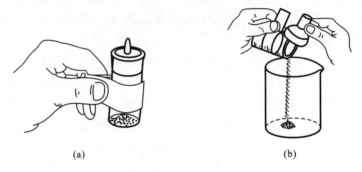

(a)　　　　　(b)

图 2-9　称量瓶的拿法

③ 左手用纸带夹住称量瓶,置于容器上方,使称量瓶倾斜,右手用一洁净的纸片夹住称量瓶盖手柄,打开瓶盖,用瓶盖轻轻敲击称量瓶上部,使试样缓缓落入容器中(见图 2-9(b))。当倾出的试样已接近所要称的质量时(称取氯化钠 0.2～0.3 g),慢慢地将称量瓶竖起,用称量瓶盖轻轻敲击称量瓶上部,使黏附在瓶口上的试样落下,然后盖好瓶盖,将称量瓶放回秤盘上,称得其质量(m_2),m_1-m_2 即为试样的质量,记录下所得数据。

④ 继续进行,称取多份试样。

(3) 称量后的检查。

称量完毕,应关闭天平,取出称量物和砝码,将指数盘归零,用毛刷轻轻拂净秤盘,关上天平门,罩上防尘罩,关上电源后再离开实训室。

 注意事项

(1) 天平使用前必须调零。

(2) 天平应放在室温、水平的牢固台面上,避免处于震动、潮湿、阳光照射及有腐蚀性气体的环境中。

(3) 天平箱内要保持清洁,定期更换干燥剂,保持箱内干燥。

(4) 称量时,称量物的质量不能超过天平的最大载重量(分析天平最大载重量一般为

200 g)。

（5）称取腐蚀性物质，易挥发、易吸水、易与二氧化碳反应或易被氧化的物质时，必须放在密闭容器内称量。

（6）开关天平时动作要轻缓，取放称量物和砝码时，应关闭天平后再操作。

（7）同一称量工作中，称量时应使用同一台天平和同一套砝码，减小称量误差。

（8）称量时要关紧天平门，禁止在天平开启状态时开侧门添加（或减少）砝码或物品。

（9）称量完毕，应关闭天平，不要让天平长时间处于工作状态。

 实训思考

（1）在分析天平取、放称量物，开关天平侧门，加减砝码时应注意什么？

（2）在用分析天平称量时，若刻度标尺偏向左方，需要加砝码还是减砝码？若刻度标尺偏向右方呢？

（3）什么情况下可以用直接称量法？什么时候应该用递减称量法？

（4）递减称量法的关键是什么？

 # 实训 3 溶液的配制

 实训目的

（1）掌握几种常用的配制溶液的方法。

（2）掌握有关溶液浓度的计算。

（3）练习使用量筒、密度计、移液管、容量瓶。

 预习要求

（1）了解台秤、分析天平的使用方法及差量法称量的步骤（见实训 2）。

（2）掌握容量瓶、移液管的洗涤方法与使用时的注意事项（见任务 14、任务 15）。

 参考学时

2 学时。

 实训原理

无机化学实训通常配制的溶液有一般溶液和标准溶液。一般溶液的浓度常用 1 位有效数字表示，如 $0.1 \ mol \cdot L^{-1}$ 或 $1 \ mol \cdot L^{-1}$，配制时固体溶质选用台秤称量，液体用量筒（或量杯）量取；标准溶液浓度常用 4 位有效数字表示，如 $0.09026 \ mol \cdot L^{-1}$ 或 $1.000 \ mol \cdot L^{-1}$，配制时固体溶质选用分析天平称量，液体用移液管（或吸量管）量取，用容量瓶定容。

1. 一般溶液的配制

(1) 直接水溶法:对于易溶于水而又不发生水解的固体,如 NaOH、NaCl、$H_2C_2O_4$ 等,配制其溶液时,先算出所需要固体试剂的质量,用台秤称取所需固体试剂于烧杯中,加入少量蒸馏水,搅拌溶解后,再用蒸馏水稀释到所需体积,即得所需的溶液。然后将溶液倒入试剂瓶中,贴上标签,备用。

(2) 介质水溶法:对于易水解的固体试剂,如 $SnCl_2$、$SbCl_3$、$Bi(NO_3)_3$ 等,配制其溶液时,在称取所需要的固体试剂于烧杯中后,先加入少量的浓酸(或碱)使之溶解,再用蒸馏水稀释至所需体积,搅匀后转入试剂瓶中,贴上标签,备用。

对于在水中溶解度较小的固体试剂,先选用适当的溶剂溶解后,再稀释、搅匀转入试剂瓶中。如 I_2(固体),可先用 KI 水溶液溶解,再用水稀释。

(3) 稀释法:对于液体试剂,如浓盐酸、浓硫酸、氨水等,配制其稀溶液时,先算出所需要液体试剂的体积,用量筒量取所需要的浓溶液于烧杯中,加入少量蒸馏水,搅匀后,再用蒸馏水稀释至所需体积,即得所需的溶液。然后将溶液倒入试剂瓶中,贴上标签,备用。

注意:配制硫酸溶液时,应在不断搅拌的情况下缓慢地将浓硫酸倒入蒸馏水中,切不可将水倒入浓硫酸中。

2. 标准溶液的配制

(1) 直接法:该方法用于基准试剂的配制。先算出所需要固体试剂的质量,用分析天平准确称取所需要的基准试剂,置于烧杯中,加入适量蒸馏水溶解后转入容量瓶中,再用少量蒸馏水(注意:用量不能过多,以免溶液的体积超过定容时的体积)洗涤烧杯及玻璃棒上残留的试剂 2~3 次,每次洗涤液均并入容量瓶中,最后用蒸馏水稀释至刻度,摇匀,即得所需的溶液。将溶液倒入试剂瓶中,贴上标签,备用。

(2) 标定法:不符合基准试剂条件的物质,不能用直接法配制标准溶液,而应先配成近似于所需浓度的溶液,然后用基准试剂或已知准确浓度的标准溶液来标定。

(3) 稀释法:当需要通过稀释浓的标准溶液配制较稀的标准溶液时,先计算,然后用移液管(或吸量管)准确吸取所需浓溶液至给定容积的洁净的容量瓶中,再用蒸馏水稀释至标线处,摇匀后,倒入试剂瓶中,贴上标签,备用。

 仪器及试剂

(1) 仪器:量筒、烧杯、台秤、分析天平、称量瓶、容量瓶、胶头滴管、洗耳球、移液管、密度计等。

(2) 试剂:浓硫酸(98%)、NaOH(s)、草酸晶体、$0.200\ mol \cdot L^{-1}$ HAc、冰乙酸(36%)。

 实训内容

1. 配制 $6\ mol \cdot L^{-1}\ H_2SO_4$ 溶液 50 mL

计算出配制 $6\ mol \cdot L^{-1}\ H_2SO_4$ 溶液 50 mL 所需浓硫酸(密度 $1.84\ g \cdot mL^{-1}$,浓度 98%)和水的用量。用量筒量取所需的蒸馏水(读数时,视线应与量筒内液面的最低点处于同一水平线上,见图 2-10),并加入烧杯中。再用量筒量取所需的浓硫酸,沿玻璃棒缓慢地加入水中(见图 2-11),同时不断搅动使之溶解。待溶液温度降至室温后,用密度计测定此溶液的密度。根据测得的密度数据,算出所配制溶液的实际浓度,最后将溶液倒入回收瓶。

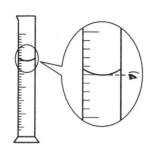

图 2-10　量筒量取液体

图 2-11　溶液的倾倒

2. 配制 6 mol·L^{-1} NaOH 溶液 50 mL

计算出配制此溶液所需的 NaOH 固体的用量,用台秤按所需量称取 NaOH 固体,置于 50 mL 烧杯中,加少量蒸馏水,搅拌使之溶解。然后用量筒加蒸馏水至刻度线,搅拌,混匀。

3. 配制 0.0100 mol·L^{-1} H$_2$C$_2$O$_4$ 溶液 100 mL

计算出配制此溶液所需的草酸晶体的用量,先用台秤粗称,再由分析天平用递减称量法准确称量,用少量蒸馏水在烧杯中溶解后注入 100 mL 容量瓶中,洗涤烧杯三次,将洗涤液注入容量瓶中,加蒸馏水至刻度线,振荡,混匀。

4. 由 0.200 mol·L^{-1} HAc 溶液配制 0.0100 mol·L^{-1} HAc 溶液 100 mL

计算出配制 0.0100 mol·L^{-1} HAc 溶液 100 mL 所需的 0.200 mol·L^{-1} HAc 溶液的量,用移液管准确量取所需溶液的量,将溶液注入 100 mL 容量瓶中,加水至刻度线,振荡,摇匀。

5. 用冰乙酸(36%)稀释成 2 mol·L^{-1} HAc 溶液 50 mL

计算出配制此溶液所需的冰乙酸(36%)的体积,用 50 mL 量筒量取 16 mL 冰乙酸(36%),加水稀释至离刻度 2~3 mL 时改用胶头滴管滴加至刻度,用玻璃棒搅拌,混匀。

 注意事项

(1) 使用密度计时,要缓缓放入待测液体中。

(2) 在洗涤容量瓶时,所用的蒸馏水不能太多,应遵循“少量多次”的洗涤原则。

(3) 取完 NaOH 固体后,瓶盖要及时盖上,防止其潮解。

(4) 在配制 H$_2$SO$_4$ 溶液时,一定将浓硫酸缓缓倒入水中,并不断搅拌,切不可将水倒入浓硫酸中。

(5) 容量瓶一定不能用被稀释的溶液洗涤,而移液管在使用前一定要用待取的溶液润洗。

(6) 所配制的溶液均应回收。

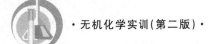

 实训思考

(1) 由浓硫酸配制稀 H_2SO_4 溶液过程中,应注意哪些问题?

(2) 使用密度计时应注意些什么?

(3) 用容量瓶配制溶液时,要不要把容量瓶干燥? 能否用量筒量取溶液?

(4) 使用移液管时应注意些什么?

(5) 如何使用称量瓶? 从称量瓶往外倒样品时应如何操作? 为什么?

 实训4 灯的使用和玻璃管的简单加工

 实训目的

(1) 了解酒精喷灯(或煤气灯)的构造及原理。

(2) 掌握酒精喷灯(或煤气灯)的正确使用方法。

(3) 掌握玻璃管的切割、弯曲、拉制、熔烧等技术。

 预习要求

(1) 熟悉酒精喷灯(或煤气灯)结构与基本操作(见任务 8)。

(2) 熟知酒精(煤气)的特点与使用注意事项(见任务 8)。

(3) 了解玻璃的特点与使用注意事项。

 参考学时

4 学时。

 仪器、材料及试剂

(1) 仪器:酒精喷灯(或煤气灯)、锉刀、石棉网、钻孔器、钳子。

(2) 材料及试剂:玻璃管、玻璃棒、橡皮塞、酒精(煤气)。

 实训内容

1. 灯的使用

练习酒精喷灯(或煤气灯)的使用方法,观察正常火焰的颜色。操作方法参见任务 8。

2. 玻璃管的加工

选择内径合适的玻璃管,制作 90°导气管、滴管(粗部分长度 9 cm 左右,尖嘴部分长度 3 cm 左右)各 3 支。

1) 90°导气管的制作

(1) 截取和熔烧玻璃管。

① 锉痕：如图 2-12 所示，选定玻璃管，将玻璃管平放在桌面上，在 20 cm 处左手按紧玻璃管，右手持锉刀，用刀的棱适当用力向前方锉，锉痕深度适中，不可往复锉，锉痕在玻璃管周长的 1/6～1/3 之间，且锉痕应与玻璃管垂直。若需要锉多次，必须保持每次在同一点上，以同一方向进行，锉出的痕以细、深、直为好。

② 截断：双手持玻璃管锉痕两端，拇指齐放在划痕背后向前推压，同时食指向外拉，将玻璃管截断，得到 20 cm 长玻璃管。

③ 熔光：将玻璃管断面斜（约 45°角）插入氧化焰，并不停转动，使其均匀受热，熔烧截面，待玻璃管加热端刚刚微红即可取出。若截断面不够平整，可将加热端在石棉网上轻轻按一下。

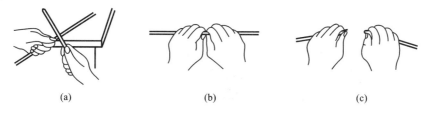

(a)   (b)   (c)

图 2-12　锉痕和截断示意图

（2）弯曲玻璃管。

进行弯管操作时，如图 2-13（a）所示，取 20 cm 长的玻璃管两手水平拿着，将需要弯曲的部位放在酒精喷灯（或煤气灯）的火焰中加热，受热长度约 1 cm，边加热边缓慢转动，使玻璃管受热均匀。当玻璃管加热至黄红色并开始软化时，马上移出火焰，等 1～2 s 各部位温度均匀后，两手慢慢将玻璃管弯曲（见图 2-13（b））。弯曲时，角度要慢慢从大到小，并在火焰上晃动玻璃管，使弯曲部位的前后左右受热均匀。弯曲到所需要角度后，放在石棉网上冷却到室温。要保持弯曲部位圆滑且不折曲，可先弯曲 120°以上角度，然后在前一次受热部位稍偏左或稍偏右处进行第二次加热和弯曲，直到弯曲至所需要的角度（90°）（见图 2-13（c））。

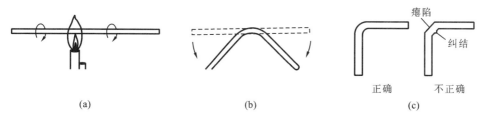

(a)   (b)   (c)

图 2-13　玻璃管弯曲

（a）酒精喷灯加热玻璃管；（b）弯管；（c）弯成的玻璃管

（3）塞子钻孔。

钻孔时，选择合适的钻孔器（钻橡皮塞时，钻孔器的外径比要插入的玻璃管口径略大；钻软木塞时，先用压塞机压实后，选用钻孔器的外径比要插入的玻璃管口径略小），在钻孔器锋利的一端涂上润滑油（或水、甘油），将塞子小头朝上，平放在台面上，左手按塞、右手握住钻孔器的手柄，在选定的位置上使钻孔器沿一个方向旋转同时用力向下压。钻到塞子厚度的一半时，将钻孔器反方向旋出，翻转塞子，对准原来的位置钻入，直到两端钻孔贯

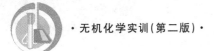
通为止。钻孔器内的橡皮(或软木)用铁条捅出。钻孔时钻孔器必须和塞子的表面垂直，以免把孔钻斜。如钻孔稍小或不光滑，可用圆锉修理。

（4）导气管的装配。

将弯曲好的玻璃管先用水或甘油润湿，然后左手持塞、右手握住玻璃管的上半部（为安全可用布包裹），把玻璃管慢慢旋入塞孔至合适位置。旋转时，切不可用力过猛或手离塞子太远，以免玻璃管折断弄伤手指。

2）胶头滴管的制作

（1）截取和熔烧玻璃管。方法与导气管的制作相同，只是烧的时间稍微长一点。

（2）拉管。待玻璃管烧到足够软时，即可从火焰中取出，顺着水平方向向两端拉开至所需要的细度。然后，右手持玻璃管，使玻璃管和拉细部分下垂一会儿。再将玻璃管放在石棉网上冷却。

（3）扩口。将冷却后的玻璃管从拉细部分截断，得到两根一端有尖嘴的玻璃管（直尖嘴管）。然后将每根玻璃管的尖嘴处稍微烧一下，使它光滑，再把粗的一端烧熔后，立即垂直地在石棉网上轻轻压一下，使管径变大、管口部分的玻璃略向外卷曲。冷却，待用。

（4）滴管的装配。将处理好的直尖嘴管较粗的部分用水润湿，装上橡胶乳头，即制成滴管。

 注意事项

（1）本实训危险性较大，注意防火、防割伤、防烫伤。加酒精时必须在无明火条件下操作，剩余酒精必须送回实训准备室。

（2）在使用酒精喷灯时，要注意出气孔是否堵塞，以免造成无法点燃或火焰不连续。预热过程中如果没有酒精蒸气逸出，应等火焰熄灭后，再用捅针疏通蒸气出口。

（3）实训前每人必须准备一块湿抹布放在操作台上。

（4）为了节省材料，管棒拉制前不要截太短，防止一旦实训失败，两段材料都废弃。

（5）调节灯管内的空气和酒精量时，一定要慢慢调节，以防止形成"火雨"，造成火灾。

 实训思考

（1）点燃酒精喷灯时应注意什么？

（2）加工玻璃管时有哪些注意事项？

（3）怎样判断制作的导气管与胶头滴管是否合格？

 ## 实训5　氯化钠的提纯

 实训目的

（1）学会用化学方法提纯氯化钠的原理和操作方法。

（2）掌握溶解、减压过滤、蒸发、结晶、干燥等基本操作。

（3）了解 Ca^{2+}、Mg^{2+}、SO_4^{2-} 等常见离子的鉴定方法。

（4）了解中间控制检验和氯化钠纯度检验的方法。

预习要求

（1）了解除去粗食盐中 Mg^{2+}、Ca^{2+}、K^+ 和 SO_4^{2-} 等离子及不溶性杂质的方法，并写出有关反应方程式。

（2）理解在中和过量的 NaOH 和 Na_2CO_3 时，只能选用 HCl 溶液，而不能选用其他酸的原因。

（3）掌握检查杂质离子是否沉淀完全的方法。

（4）熟悉溶解、过滤、蒸发、结晶、干燥等基本操作。

参考学时

3 学时。

实训原理

1. 杂质的去除

粗食盐中通常含有不溶性杂质（如泥沙等）和可溶性杂质（主要是 Ca^{2+}、Mg^{2+}、K^+ 和 SO_4^{2-}）。不溶性的杂质，可以用溶解和过滤的方法除去；对于可溶性杂质，可用化学方法除去。

在已过滤了不溶性杂质的氯化钠溶液中，加入稍微过量的 $BaCl_2$ 溶液时，可将 SO_4^{2-} 转化为难溶解的 $BaSO_4$ 沉淀。离子反应方程式为

$$Ba^{2+} + SO_4^{2-} =\!=\!=\! BaSO_4 \downarrow$$

因为 $BaSO_4$ 不易形成晶形沉淀，所以在缓慢滴加 $BaCl_2$ 稀溶液的同时，要加热氯化钠溶液并不断地搅拌，沉淀生成后，继续加热并放置一段时间，进行陈化，以利于晶体的生成和长大。

将溶液过滤，除去 $BaSO_4$ 沉淀，再加入 NaOH 和 Na_2CO_3 溶液，发生以下反应：

$$Mg^{2+} + 2OH^- =\!=\!=\! Mg(OH)_2 \downarrow$$

$$Ca^{2+} + CO_3^{2-} =\!=\!=\! CaCO_3 \downarrow$$

$$Ba^{2+} + CO_3^{2-} =\!=\!=\! BaCO_3 \downarrow$$

沉淀 SO_4^{2-} 时加入的过量 Ba^{2+}，以及食盐溶液中杂质 Mg^{2+}、Ca^{2+} 便相应转化为难溶的 $BaCO_3$、$Mg(OH)_2$、$CaCO_3$ 沉淀，可通过过滤的方法除去。

过量的 NaOH 和 Na_2CO_3 可通过滴加 HCl 溶液除去。

对于很少量的可溶性杂质（如 KCl），由于含量很少，在后边的蒸发、浓缩、结晶过程中，绝大部分会留在母液中，不会和 NaCl 同时结晶出来。

生产中，在提纯物质时，为了检验某种杂质是否除尽，常常采用取少量样液，在其中加入适当的试剂，从反应现象判断相应杂质是否除去的方法，这种方法称为中间控制检验，而对产品纯度和含量的测定，则称为成品检验。

镁试剂是一种有机染料,它在酸性溶液中呈黄色,在碱性溶液中呈红色或紫色,但被 $Mg(OH)_2$ 沉淀吸附后,则呈天蓝色,因此可以用来检验 Mg^{2+} 的存在。

2. 氯化钠提纯流程

氯化钠提纯流程如图 2-14 所示。

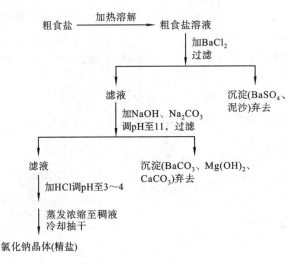

图 2-14 氯化钠提纯流程

 仪器及试剂

(1) 仪器:台秤、烧杯、玻璃棒、量筒、吸滤瓶、蒸发皿、石棉网、试管、滤纸、漏斗、布氏漏斗、铁架台(带铁圈)、酒精灯、三脚架、真空泵。

(2) 试剂:$2 \ mol \cdot L^{-1} \ HCl$、$1 \ mol \cdot L^{-1} \ NaOH$、$2 \ mol \cdot L^{-1} \ NaOH$、$1 \ mol \cdot L^{-1} \ BaCl_2$、$1 \ mol \cdot L^{-1} \ Na_2CO_3$、$0.5 \ mol \cdot L^{-1} \ (NH_4)_2C_2O_4$、粗食盐(s)、pH 试纸、镁试剂。

 实训内容

1. 粗食盐的提纯

(1) 在台秤(或电子天平)上,称取 5.0 g 研细的粗食盐,放入小烧杯中,加入 20 mL 蒸馏水,用玻璃棒搅动,并加热使其溶解。溶液沸腾时,在搅动下逐滴加入 $1 \ mol \cdot L^{-1}$ $BaCl_2$ 溶液稍过量至沉淀完全(约 2 mL),继续加热 5 min 后陈化 20 min,以便使 $BaSO_4$ 颗粒长大而易于沉淀和过滤。

为了检验沉淀是否完全,可取上层清液少许,加入 1～2 滴 $BaCl_2$ 溶液,观察澄清液中是否有混浊现象。若无混浊现象,说明 SO_4^{2-} 已完全沉淀;若仍有混浊现象,则需继续滴加 $BaCl_2$ 溶液,直至沉淀完全。继续加热至沸腾,放置一会后用普通漏斗过滤,滤液置于干净烧杯中。

(2) 在滤液中加入 1 mL $2 \ mol \cdot L^{-1} \ NaOH$ 溶液和 3 mL $1 \ mol \cdot L^{-1} \ Na_2CO_3$ 溶液,加热至沸腾,待沉淀沉降后,在上层清液中滴加 $1 \ mol \cdot L^{-1} \ Na_2CO_3$ 溶液至清液呈碱性

(pH＝11)，静置片刻，用普通漏斗过滤。

（3）在滤液中逐滴加入 2 mol·L⁻¹ HCl 溶液，并使滤液呈微酸性(pH＝3～4)。

（4）将滤液置于蒸发皿中，用小火加热蒸发，浓缩至稀糊状，但切不可将溶液蒸发至干(注意防止蒸发皿破裂)。

（5）冷却后，用布氏漏斗减压过滤、吸干，并用少许蒸馏水洗涤两次，每次都需抽干。

（6）将结晶置于干净的蒸发皿中，在石棉网上用小火加热烘干。

（7）称量氯化钠晶体(精食盐)的质量，并计算产率。

$$产率＝\frac{氯化钠质量}{粗食盐质量}\times100\%$$

2. 产品纯度的检验

各取少量(约 1 g)提纯前、后的粗食盐和精食盐，分别用 5 mL 蒸馏水加热溶解，然后各装于三支试管中，组成三个对照组。

（1）SO_4^{2-} 的检验：在第一组溶液中，各加入 2 滴 1 mol·L⁻¹ $BaCl_2$ 溶液，观察溶液中有无沉淀产生，若有白色沉淀生成，证明有 SO_4^{2-} 存在。

（2）Ca^{2+} 的检验：在第二组溶液中，各加入 2 滴 0.5 mol·L⁻¹ $(NH_4)_2C_2O_4$ 溶液，观察溶液中有无沉淀产生，若有白色沉淀生成，证明有 Ca^{2+} 存在。

（3）Mg^{2+} 的检验：在第三组溶液中，各加入 2～3 滴 1 mol·L⁻¹ NaOH 溶液，使溶液呈弱碱性(用 pH 试纸试验)，再各加入 2～3 滴镁试剂，观察两溶液中有无天蓝色沉淀产生，若有天蓝色沉淀生成，证明有 Mg^{2+} 存在。

 注意事项

食盐溶液浓缩时切不可蒸干。

 实训思考

（1）在除去 SO_4^{2-}、Ca^{2+} 和 Mg^{2+} 时，为什么要先加 $BaCl_2$ 溶液，然后加 Na_2CO_3 溶液？

（2）用 HCl 溶液调节滤液 pH 时，为何要调节至弱酸性？

（3）提纯后的食盐溶液浓缩时为什么不能蒸干？

 实训 6　硫酸铜的提纯

 实训目的

（1）掌握重结晶法提纯硫酸铜的原理和操作方法。

（2）练习、掌握溶解、过滤、加热、蒸发、重结晶等基本操作。

 预习要求

（1）复习称量的基本操作和搅拌溶解的基本操作。

（2）考虑氧化 Fe^{2+} 时为什么要用 H_2O_2，而不用其他氧化物。

（3）复习过滤、蒸发等无机化学基本操作。

参考学时

2 学时。

实训原理

重结晶的原理是由于晶体物质的溶解度一般随温度的降低而减小，当热的饱和溶液冷却时，待提纯的物质首先结晶析出而少量的可溶性杂质由于尚未达到饱和，仍留在母液中。

粗硫酸铜晶体中含有不溶性杂质（如泥沙等）和可溶性杂质（$FeSO_4$、$Fe_2(SO_4)_3$ 等），对于不溶性杂质可采用溶解、过滤的方法除去，Fe^{2+} 可先加入氧化剂过氧化氢（H_2O_2）氧化为 Fe^{3+}，然后调节溶液的 pH 至 4.0 左右，使 Fe^{3+} 完全水解为 $Fe(OH)_3$ 沉淀，过滤而除去。其反应原理如下：

$$2Fe^{2+} + H_2O_2 + 2H^+ = 2Fe^{3+} + 2H_2O$$

$$Fe^{3+} + 3H_2O \xrightarrow{pH\approx4} Fe(OH)_3 \downarrow + 3H^+$$

对除去 Fe^{3+} 后的溶液，进行蒸发结晶，其他微量的可溶性杂质在硫酸铜结晶时，仍留在母液中，从而实现硫酸铜晶体的提纯。

仪器及试剂

（1）仪器：台秤、烧杯、量筒、石棉网、玻璃棒、研钵、酒精灯、胶头滴管、漏斗、滤纸、铁架台(带铁圈)、蒸发皿、三脚架、布氏漏斗、吸滤瓶、真空泵。

（2）试剂：$CuSO_4 \cdot 5H_2O$（粗）、$1.0\ mol \cdot L^{-1}\ H_2SO_4$、$3\%\ H_2O_2$、pH 试纸、$0.5\ mol \cdot L^{-1}\ NaOH$。

实训内容

1. 称量和溶解

用台秤称取 10 g 粗硫酸铜晶体（$CuSO_4 \cdot 5H_2O$），置于研钵中研细，从中称取 8 g 作提纯用，另称取 1 g 用于比较提纯前后硫酸铜中杂质的含量。

将 8 g 研细的硫酸铜晶体放入洁净的 100 mL 烧杯中，加入 30 mL 蒸馏水。加热并搅拌，当硫酸铜完全溶解时，停止加热。

2. 氧化与沉淀

向溶液中滴加 2 mL 3% H_2O_2 溶液，加热片刻（若无小气泡产生，即可认为 H_2O_2 分解完全），边搅拌边滴加 $0.5\ mol \cdot L^{-1}\ NaOH$ 溶液，直至溶液的 pH≈4（用 pH 试纸检验），再加热片刻，使 Fe^{3+} 充分水解为 $Fe(OH)_3$ 沉淀。停止加热，静置，使红棕色的 $Fe(OH)_3$ 沉淀沉降（千万不要用玻璃棒去搅动）。

3. 过滤

将折好的滤纸放入漏斗中，用蒸馏水先行润湿滤纸，使之紧贴在漏斗壁上而无气泡。

趁热过滤硫酸铜溶液,将滤液置于洁净的蒸发皿中。过滤临近结束时,用少量蒸馏水洗涤烧杯,洗涤液也全部倒入漏斗中过滤,过滤后的滤纸和残渣投入废液缸中。

4. 蒸发浓缩和结晶

在过滤后的硫酸铜溶液中,滴加 $1\ mol \cdot L^{-1}\ H_2SO_4$ 溶液数滴,使溶液酸化至 pH = 1.0~2.0,然后在石棉网上进行加热、蒸发,浓缩至溶液表面出现一薄层结晶时,停止加热,静置、冷却至室温,即慢慢析出 $CuSO_4 \cdot 5H_2O$ 晶体。

5. 减压过滤

将蒸发皿中的 $CuSO_4 \cdot 5H_2O$ 晶体和母液转入装好滤纸的布氏漏斗中进行抽滤,用玻璃棒将晶体均匀地摊开,尽量抽干,并将小滤纸轻压在晶体表面,吸去晶体上吸附的母液。取出晶体后,再次摊在滤纸上,吸干晶体上附着的母液,然后将晶体用台秤称量,计算产率:

$$产率 = \frac{提纯后的硫酸铜晶体质量}{粗硫酸铜晶体质量} \times 100\%$$

 注意事项

(1)硫酸铜在加热溶解时,要充分溶解。

(2)氧化与沉淀过程中,要注意 pH 的调整。

(3)浓缩、结晶过程中要把握好程度。

(4)重结晶时,一定要先静置、冷却至室温,然后再抽滤。

 实训思考

(1)在提纯硫酸铜过程中,为什么要加 H_2O_2 溶液,并保持溶液的 pH 为 4 左右?

(2)滤液为什么必须经过酸化后才能进行加热浓缩?在浓缩过程中应注意哪些问题?

(3)粗硫酸铜晶体中杂质 Fe^{2+} 为什么要氧化为 Fe^{3+} 而除去?

项目二　化合物及化学反应特征常数的测定

 实训7　化学反应速率、反应级数和活化能的测定

 实训目的

(1)了解浓度、温度、催化剂对化学反应速率的影响。

(2)掌握溶解、水浴中恒温等基本操作。

(3)学会测定在酸性溶液中 KIO_3 与 Na_2SO_3 的平均反应速率,练习计算反应级数、反应速率常数和活化能。

预习要求

(1) 量筒的使用:参见实训 3。

(2) 秒表的使用方法。

图 2-15　秒表

秒表(见图 2-15)是准确测量时间的仪器,有各种规格。实训室常用的是一种有两个指针、表面上有两圈刻度、上端有柄头的秒表。其中:长针为秒针,短针为分针;两圈刻度分别表示秒针和分针的数值;柄头是旋紧表的发条、启动和停止秒表的开关。

秒针转一周为 30 s,分针转一周为 15 min,读数可准确到 0.01 s。

使用时,先旋紧发条,用手握住表体,用拇指或食指按住柄头,按一下,表即启动,再按柄头,表即停止,便可读数。第三次按柄头时,秒针和分针即返回零点,恢复到原始状态,为下一次使用作好准备。

(3) 预习化学反应速率理论及浓度、温度、催化剂对化学反应速率的影响等有关内容。

参考学时

4 学时。

实训原理

1. 浓度对化学反应速率的影响

本实训通过测定反应物浓度的变化来确定 KIO_3 与 Na_2SO_3 的反应速率。在酸性溶液中,KIO_3 与 Na_2SO_3 发生下列反应:

$$HIO_3 + 3H_2SO_3 =\!=\!= 3H_2SO_4 + HI$$

从反应方程式来看,反应速率与 $c_{H_2SO_3}$ 的三次方成正比,但试验结果表明,反应速率近似与 $c_{H_2SO_3}$ 的一次方成正比。

有人认为反应分下列步骤进行:

$$HIO_3 + H_2SO_3 =\!=\!= H_2SO_4 + HIO_2 \tag{1}$$

$$HIO_2 + 2H_2SO_3 =\!=\!= HI + H_2SO_4 \tag{2}$$

$$5HI + HIO_3 =\!=\!= 3I_2 + 3H_2O \tag{3}$$

这三步反应中,第一步反应是最慢的,可以说明反应速率与 $c_{H_2SO_3}$ 的一次方成正比,但试验表明,反应速率并不与 $c_{H_2SO_3}$ 的一次方成正比,可见这一反应的实际情况比上述机理还要复杂一些。

实训中使 KIO_3 过量,就可使 Na_2SO_3 在反应过程中消耗完,反应的终点以生成 I_2 为标志。预先在 Na_2SO_3 溶液中加入可溶性淀粉,I_2 遇淀粉就会变蓝。从反应开始到蓝色出现所需的时间可以用秒表计量。所用的时间越短,表明反应速率越大;反之,则越小。

根据化学计量关系,本实训所用的 KIO_3 均为过量,可以认为,在反应时间 Δt 内,Na_2SO_3 已消耗完,即 $\Delta c_{Na_2SO_3} = c_{Na_2SO_3}$,由实训可得

$$v_{Na_2SO_3} = \Delta c_{Na_2SO_3} / \Delta t = c_{Na_2SO_3} / \Delta t$$

对任一化学反应：$aA + bB \longrightarrow cC + dD$

其反应速率方程可表示为

$$v = k c_A^m c_B^n$$

两边取对数，得

$$\lg v = \lg k + m \lg c_A + n \lg c_B$$

当 c_B 固定时，上式变为

$$\lg v = c' + m \lg c_A \quad (c' \text{ 为常数})$$

以 $\lg v$ 对 $\lg c_A$ 作图，得一直线，其斜率为 m。

同理，当 c_A 固定时，可求得 n。$m+n$ 为该反应的级数。

根据每次实训的 v、c_{KIO_3}、$c_{Na_2SO_3}$，求出速率常数 k。

2. 温度对化学反应速率的影响

反应速率常数 k 与反应温度 T 有如下关系：

$$\lg k = -\frac{E_a}{2.303RT} + A$$

式中：E_a 为反应的活化能；R 为摩尔气体常数；T 为绝对温度。

如果测出不同温度下的 k 值，以 $\lg k$ 对 $1/T$ 作图，即可得到一条直线，由直线的斜率（$-E_a/2.303R$）可求出反应的活化能 E_a 的值。

仪器及试剂

(1) 仪器：温度计、秒表、恒温水浴锅、烧杯、量筒、玻璃棒、大试管。

(2) 试剂：KIO_3（$0.01\ \text{mol} \cdot \text{L}^{-1}$，内含 $0.018\ \text{mol} \cdot \text{L}^{-1}\ H_2SO_4$）、$Na_2SO_3$（$0.01\ \text{mol} \cdot \text{L}^{-1}$，内含 0.2% 淀粉）。

实训内容

1. 浓度对化学反应速率的影响

在室温下，按表 2-1 给定的量，用量筒分别量取相应体积的溶液。先将 KIO_3（$0.01\ \text{mol} \cdot \text{L}^{-1}$）和 H_2O 倒入 100 mL 烧杯中混合均匀，然后快速将 Na_2SO_3-淀粉溶液倒入同一烧杯中，同时启动秒表，立刻用玻璃棒将溶液搅拌均匀。当溶液刚出现蓝色时，立即停表，记下反应时间和室温。

表 2-1　浓度对反应速率的影响

	实训编号	1	2	3	4	5
试剂用量 /mL	KIO_3（$0.01\ \text{mol} \cdot \text{L}^{-1}$）	25	20	15	15	15
	H_2O	10	15	20	15	10
	Na_2SO_3（$0.01\ \text{mol} \cdot \text{L}^{-1}$）	15	15	15	20	25
	合计	50	50	50	50	50
	反应时间 $\Delta t/s$					

(1) 写出反应速率方程。

(2) 确定反应级数。

(3) 求出室温下该反应的速率常数 k。

2. 温度对化学反应速率的影响

按表 2-1 中实训编号 3 的配比重复测定 0 ℃、室温、室温＋10 ℃下的反应速率。记下反应时间(见表 2-2)。

(1) 求出 0 ℃、室温、室温＋10 ℃下该反应的速率常数 k。

(2) 以 $\lg k$ 为纵坐标,$1/T$ 为横坐标作图,得一直线,求该直线的斜率。

(3) 计算该反应的活化能 E_a。

表 2-2　温度对反应速率的影响

实训编号	3	6	7
反应温度/K	室温	0 ℃	室温＋10 ℃
反应时间 Δt/s			

3. 数据记录

(1) 求反应速率常数 k。

求出各反应的反应速率、反应级数 $m+n$、速率常数 k,填入表 2-3。

表 2-3　数据处理

实训编号	1	2	3	4	5
溶液总体积/mL					
Δc_{KIO_3}/(mol·L^{-1})					
$\Delta c_{Na_2SO_3}$/(mol·L^{-1})					
反应时间 Δt					
反应速率 v					
反应级数*		$m=$		$n=$	
速率常数 k					
k 的平均值					

* m 和 n 取正整数。

(2) 求反应的活化能 E_a。

计算不同温度下的反应速率常数 k 并列于表 2-4,以 $\lg k$ 对 $1/T$ 作图,通过直线的斜率求出反应的活化能 E_a。

表 2-4　求反应的活化能

实 训 编 号	3	6	7
反应温度/K			
$(1/T)\times 10^3$			
速率常数 k			
活化能 E_a/J			

注意事项

（1）实训过程中一定要充分搅拌溶液。

（2）在做温度对化学反应速率影响的实训时，若室温低于 10 ℃，可将温度条件改为室温、高于室温 10 ℃、高于室温 20 ℃ 和高于室温 30 ℃。

（3）注意数据处理，用坐标纸作图。

实训思考

（1）在向盛有 KIO_3（0.01 mol·L^{-1}）和 H_2O 的烧杯中加 Na_2SO_3-淀粉溶液时，为什么越快越好？

（2）在加入 Na_2SO_3-淀粉溶液时，先计时后搅拌或者先搅拌后计时，对实训结果各有何影响？

 实训 8 缓冲溶液的配制及 pH 的测定

实训目的

（1）了解缓冲溶液的配制原理及缓冲溶液的性质。

（2）掌握缓冲溶液配制的基本方法。

（3）学会使用酸度计测定缓冲溶液的 pH。

预习要求

（1）了解 pHS-25 型酸度计的使用方法：参见任务 13。

（2）了解缓冲溶液的原理、组成。

（3）了解缓冲溶液的配制方法、影响缓冲能力的主要因素。

参考学时

4 学时。

实训原理

1. 基本概念

在一定程度上能抵抗外加少量酸、碱或稀释，而保持溶液 pH 基本不变的作用称为缓冲作用。具有缓冲作用的溶液称为缓冲溶液。

2. 缓冲溶液组成及计算公式

缓冲溶液一般是由共轭酸碱对组成的，例如，弱酸和弱酸盐、弱碱和弱碱盐。如果缓冲溶液由弱酸和弱酸盐（如 HAc-NaAc）组成，则

$$c_{H^+} \approx K_a \frac{c_a}{c_s}$$

$$pH = pK_a - \lg \frac{c_a}{c_s}$$

3. 缓冲溶液性质

(1) 抗酸、碱，抗稀释作用。因为缓冲溶液中具有抗酸成分或抗碱成分，所以加入少量强酸或强碱，其 pH 基本是不变的。稀释缓冲溶液时，酸和碱的浓度比值不改变，适当稀释不影响其 pH。

(2) 缓冲容量。缓冲容量是衡量缓冲溶液缓冲能力大小的尺度。缓冲容量的大小与缓冲组分浓度和缓冲组分的比值有关。缓冲组分浓度越大，缓冲容量越大；缓冲组分比值为 1 时，缓冲容量最大。

 仪器及试剂

(1) 仪器：pHS-25 型酸度计、试管、量筒(100 mL、10 mL)、烧杯(100 mL、50 mL)、吸量管(10 mL)、广范 pH 试纸、精密 pH 试纸、吸水纸等。

(2) 试剂：$0.1\ mol \cdot L^{-1}$、$1\ mol \cdot L^{-1}HAc$，$0.1\ mol \cdot L^{-1}$、$1\ mol \cdot L^{-1}NaAc$，$0.1\ mol \cdot L^{-1}NaH_2PO_4$，$0.1\ mol \cdot L^{-1}Na_2HPO_4$，$0.1\ mol \cdot L^{-1}NH_3 \cdot H_2O$，$0.1\ mol \cdot L^{-1}NH_4Cl$，$0.1\ mol \cdot L^{-1}HCl$，$0.1\ mol \cdot L^{-1}$、$1\ mol \cdot L^{-1}NaOH$，$pH = 4.0$ 的 HCl，$pH = 10$ 的 NaOH，$pH = 4.00$ 的标准缓冲溶液，$pH = 9.18$ 的标准缓冲溶液，甲基红指示剂。

 实训内容

1. 缓冲溶液的配制与 pH 的测定

按照表 2-5，通过计算配制三种不同 pH 的缓冲溶液，然后用精密 pH 试纸和酸度计分别测定它们的 pH。比较理论计算值与两种测定方法的实训值是否相符(溶液留作后面实训用)。

2. 缓冲溶液的性质

(1) 取三支试管，依次加入蒸馏水、$pH = 4.0$ 的 HCl 溶液、$pH = 10$ 的 NaOH 溶液各 3 mL，用 pH 试纸测其 pH，然后向各管加入 5 滴 $0.1\ mol \cdot L^{-1}HCl$ 溶液，再测其 pH。用相同的方法，试验 5 滴 $0.1\ mol \cdot L^{-1}NaOH$ 溶液对上述三种溶液 pH 的影响。将结果记录在表 2-6 中。

表 2-5　缓冲溶液的配制与溶液 pH 的测定

实训编号	理论 pH	各组分的体积/mL (总体积 50 mL)		精密 pH 试纸测定 pH	酸度计测定 pH
甲	4.0	$0.1\ mol \cdot L^{-1}HAc$			
		$0.1\ mol \cdot L^{-1}NaAc$			

续表

实训编号	理论 pH	各组分的体积/mL (总体积 50 mL)		精密 pH 试纸 测定 pH	酸度计 测定 pH
乙	7.0	$0.1\ mol \cdot L^{-1} NaH_2PO_4$			
		$0.1\ mol \cdot L^{-1} Na_2HPO_4$			
丙	10.0	$0.1\ mol \cdot L^{-1} NH_3 \cdot H_2O$			
		$0.1\ mol \cdot L^{-1} NH_4Cl$			

表 2-6　缓冲溶液的性质

实训编号	溶 液 类 别	pH	加 5 滴 HCl 后的 pH	加 5 滴 NaOH 后的 pH	加 10 mL 水 后的 pH
1	蒸馏水				
2	pH=4.0 HCl 溶液				
3	pH=10 NaOH 溶液				
4	pH=4.0 缓冲溶液				
5	pH=7.0 缓冲溶液				
6	pH=10.0 缓冲溶液				

(2) 取三支试管，依次加入自己配制的 pH=4.0、pH=7.0、pH=10.0 的缓冲溶液各 3 mL。然后向各管加入 5 滴 $0.1\ mol \cdot L^{-1} HCl$ 溶液，用精密 pH 试纸测其 pH。用相同的方法，试验 5 滴 $0.1\ mol \cdot L^{-1} NaOH$ 溶液对上述三种缓冲溶液 pH 的影响。将结果记录在表 2-6 中。

(3) 取四支试管，依次加入 pH=4.0 的缓冲溶液、pH=4.0 的 HCl 溶液、pH=10.0 的 NaOH 缓冲溶液、pH=10 的 NaOH 溶液各 1.0 mL，用精密 pH 试纸测定各管中溶液的 pH。然后向各管中加入 10 mL 水，混匀后再用精密 pH 试纸测其 pH，试验稀释对上述四种溶液 pH 的影响。将实训结果记录于表 2-6 中。

以上实训结果说明缓冲溶液有什么性质？

3. 缓冲溶液的缓冲容量

(1) 缓冲容量与缓冲组分浓度的关系。取两支大试管，在一支试管中加入 $0.1\ mol \cdot L^{-1}$ HAc 溶液和 $0.1\ mol \cdot L^{-1} NaAc$ 溶液各 3 mL，另一支试管中加入 $1\ mol \cdot L^{-1}$ HAc 溶液和 $1\ mol \cdot L^{-1} NaAc$ 溶液各 3 mL，混匀后用精密 pH 试纸测定两试管内溶液的 pH。(是否相同?)在两试管中分别滴入 2 滴甲基红指示剂，溶液呈何种颜色？(甲基红在 pH<4.2时呈红色，pH>6.3 时呈黄色。)然后在两试管中分别逐滴加入 $1\ mol \cdot L^{-1} NaOH$ 溶液(每加入 1 滴 NaOH 溶液均需摇匀)，直至溶液的颜色变成黄色。记录各试管所滴入 NaOH 溶液的滴数，说明哪支试管中缓冲溶液的缓冲容量大。

(2) 缓冲容量与缓冲组分比值的关系。取两支大试管，用吸量管在一支试管中加入 NaH_2PO_4 溶液和 Na_2HPO_4 溶液各 10 mL，另一支试管中加入 2 mL $0.1\ mol \cdot L^{-1}$

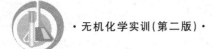

NaH_2PO_4溶液和 18 mL 0.1 mol·L^{-1} Na_2HPO_4溶液,混匀后,用精密 pH 试纸分别测量两试管中溶液的 pH。然后在每支试管中各加入 1.8 mL 0.1 mol·L^{-1} NaOH 溶液,混匀后再用精密 pH 试纸分别测量两试管中溶液的 pH。说明哪一支试管中缓冲溶液的缓冲容量更大。

 注意事项

(1) 注意实训室安全问题。
(2) 缓冲溶液的配制要注意准确度。
(3) 了解酸度计的正确使用方法,注意电极的保护。

 实训思考

(1) 为什么缓冲溶液具有缓冲能力?
(2) 缓冲溶液的 pH 由哪些因素决定?
(3) 缓冲溶液的缓冲容量的大小取决于哪些因素?

 ## 实训 9 硫酸钡溶度积的测定

 实训目的

(1) 熟悉沉淀的生成、陈化、离心分离、洗涤等基本操作。
(2) 了解饱和溶液的制备方法。
(3) 巩固溶度积的概念,了解电导率法测定难溶电解质溶度积的原理和操作方法。

 预习要求

(1) 熟悉 DDSJ-308A 电导率仪的操作方法(见任务 17)。
(2) 熟悉沉淀的分离与洗涤的基本方法(见任务 11)。
(3) 复习溶度积的相关知识。

 参考学时

4 学时。

 实训原理

难溶电解质的溶解度很小,很难直接测定。但是,只要有溶解作用,溶液中就有电离出来的离子,就可以通过测定该溶液的电导或电导率,再根据电导与浓度的关系,计算出难溶电解质的溶解度,从而换算出溶度积。

电解质溶液导电能力的大小,可用电阻 R 或电导 G 来表示,两者互为倒数,即

$$G = 1/R$$

电导的单位为西(西门子),符号为 S。

在一定温度下,两电极间溶液的电阻 R 与两电极间的距离 L 成正比,与电极面积 A 成反比,即

$$R = \rho L/A$$

式中:ρ 为比例常数,称为电阻率,它的倒数称为电导率,以 κ 表示,即

$$\kappa = 1/\rho$$

电导率的单位为 $S \cdot m^{-1}$。则有

$$G = \kappa A/L \ 。$$

在一定温度下,相距 1 m 的两个平行电极之间,含有 1 mol 电解质溶液时的电导,称为摩尔电导率,以 Λ_m 表示,单位为 $S \cdot m^2 \cdot mol^{-1}$。

对不同的电解质均取 1 mol,但所取溶液的体积 V_m 将随浓度而改变。设 c 为电解质溶液的浓度(单位为 $mol \cdot L^{-1}$),则含 1 mol 电解质的溶液的体积 V_m 应等于 $1/c$,根据电导率 κ 的定义,则摩尔电导率 Λ_m 与电导率 κ 之间的关系可表示为

$$\Lambda_m = \kappa V_m = \kappa/(1000c) \ 。$$

对于溶解度很小的 $BaSO_4$,其饱和溶液可近似地看成无限稀释溶液,离子间的影响可忽略不计,其摩尔电导率趋于最大值,称为极限摩尔电导率($\Lambda_0(BaSO_4)$)。因此,只要测得其饱和溶液的电导率或电导,就可算出 $BaSO_4$ 的浓度(即溶解度),进而算出其溶度积:

$$c(BaSO_4) = \kappa(BaSO_4)/(1000\Lambda_m(BaSO_4)) = \kappa(BaSO_4)/(1000\Lambda_0(BaSO_4))$$

则

$$K_{sp}(BaSO_4) = [\kappa(BaSO_4)/(1000\Lambda_0(BaSO_4))]^2$$

但是,在实际实训中,所测得的 $BaSO_4$ 饱和溶液的电导率包含水电导率 $\kappa(H_2O)$,所以计算时必须减掉。因此,精确计算时,在测定 $\kappa(BaSO_4)$ 的同时,还应测定制备饱和 $BaSO_4$ 溶液所用蒸馏水的电导率 $\kappa(H_2O)$。

在 25 ℃ 下,有 $\Lambda_0(BaSO_4) - 28.728 \times 10^{-3} \ S \cdot m^2 \cdot mol^{-1}$,则

$$K_{sp}(BaSO_4) = [(\kappa(BaSO_4) - \kappa(H_2O)) \times 0.0001/28.728]^2$$

 仪器及试剂

(1) 仪器:电导率仪、离心机、DJS-308A 型铂光亮电极、水浴装置、表面皿、烧杯、酒精灯、玻璃棒。

(2) 试剂:0.05 mol/L H_2SO_4、0.05 mol/L $BaCl_2$、0.01 mol/L $AgNO_3$、蒸馏水。

 实训内容

1. $BaSO_4$ 沉淀的制备

(1) 在两个小烧杯中,分别加入 0.05 mol/L $BaCl_2$ 溶液、0.05 mol/L H_2SO_4 溶液各 30 mL。

(2) 加热 H_2SO_4 溶液至近沸(刚有气泡),边搅拌边将 $BaCl_2$ 溶液慢慢滴加到 H_2SO_4 溶液中,盖上表面皿。

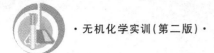
(3)将盛有沉淀的烧杯放入水浴中,继续加热煮沸 5 min,再小火保温 10 min,搅拌几分钟后,取下静置、陈化。用倾析法弃去上层清液。

(4)将沉淀和少量余液,用玻璃棒搅成乳状,转入离心管中进行离心分离(可多次分离),弃去溶液。

(5)用近沸的蒸馏水洗涤离心管中的沉淀,再离心分离,弃去洗涤液。重复 3~4 次,直至洗涤液中无 Cl^- 为止。

2. $BaSO_4$ 饱和溶液的制备

在制得的 $BaSO_4$ 沉淀中加少量水,用玻璃棒搅拌均匀后,全部转移到小烧杯中。再加蒸馏水 60 mL,搅拌均匀后,加热煮沸 3~5 min,稍冷后,置于冷水浴中,冷至室温。取上层清液($BaSO_4$ 饱和溶液),即可进行电导率的测定。

3. 电导率的测定

(1)测配制 $BaSO_4$ 饱和溶液的蒸馏水的电导率:取约 50 mL 蒸馏水,放入干燥的 100 mL 烧杯中,测其电导率三次,求其平均值。

(2)测 $BaSO_4$ 饱和溶液的电导率。

 注意事项

制备 $BaSO_4$ 饱和溶液时,溶液底部一定要有沉淀。

 实训思考

(1)制备 $BaSO_4$ 时,为什么要洗沉淀至无 Cl^-?否则对实训结果有何影响?

(2)在测定 $BaSO_4$ 的电导率时,水的电导为什么不能忽略?

 实训 10　硫酸铜结晶水的测定

 实训目的

(1)了解结晶水合物中结晶水含量的测定原理和方法。

(2)进一步练习使用分析天平。

(3)学习研钵、干燥器等仪器的使用,练习沙浴加热、恒重等基本操作。

预习要求

(1)熟悉分析天平、干燥器、研钵的使用方法,参见实训 2、任务 7、任务 10。

(2)熟悉沙浴加热的操作方法,参见任务 8。

 参考学时

4 学时。

实训原理

有些离子型的盐类从水溶液中析出时,常含有一定量的结晶水,形成结晶水合物。通常情况下,结晶水合物中结晶水与盐结合得比较紧密,但当加热到一定温度时,结晶水合物可以脱去结晶水的一部分或全部。

因此,对于经过加热既能脱去结晶水,又不会发生分解的结晶水合物中结晶水的测定,通常是把一定量的结晶水合物置于已灼烧至恒重的坩埚中,加热(温度不能超过被测定物质的分解温度)脱水,然后把坩埚移到干燥器中冷却至室温,再取出用分析天平称量,由此可以计算出结晶水合物中结晶水的质量,以及单位物质的量的该盐所含结晶水的物质的量、分子的数目,从而可确定结晶水合物的化学式。

硫酸铜晶体($CuSO_4 \cdot 5H_2O$)是一种蓝色晶体,在不同温度下按下列反应逐步脱水,当结晶水完全脱掉后,变成白色粉末状无水硫酸铜。

$$CuSO_4 \cdot 5H_2O \xrightarrow{48\ ℃} CuSO_4 \cdot 3H_2O + 2H_2O$$

$$CuSO_4 \cdot 3H_2O \xrightarrow{99\ ℃} CuSO_4 \cdot H_2O + 2H_2O$$

$$CuSO_4 \cdot H_2O \xrightarrow{218\ ℃} CuSO_4 + H_2O$$

本实训就是把已知质量的硫酸铜晶体加热,除去所有的结晶水后称量,计算出水合硫酸铜中结晶水的分子数。

 仪器及试剂

(1) 仪器:坩埚、坩埚钳、研钵、泥三角、干燥器、铁架台、铁圈、沙浴盘、温度计(300 ℃)、煤气灯、分析天平、滤纸、沙子。

(2) 试剂:$CuSO_4 \cdot 5H_2O$(s)。

 实训内容

1. 恒重坩埚

(1) 将坩埚及坩埚盖洗干净,置于泥三角上,小火烘干,冷至略高于室温。

(2) 将坩埚及坩埚盖移入干燥器中,冷却至室温。

(3) 取出,用分析天平称量。重复加热至水合硫酸铜的脱水温度以上,冷却、称量直至恒重。

2. 水合硫酸铜脱水

(1) 在已恒重的坩埚中加入 1.0～1.2 g 研细的水合硫酸铜晶体,用分析天平称量,即为坩埚和水合硫酸铜的总质量,以此可计算出水合硫酸铜的质量。

(2) 将已称量的坩埚(内盛有水合硫酸铜晶体)置于沙浴盘中,将其四分之三体积埋入沙内,再在靠近坩埚的沙浴中插入一支温度计(300 ℃),其末端应与坩埚底部大致处于同一水平面。

(3) 在沙浴中加热至约 210 ℃,再慢慢升温至 280 ℃左右。然后小火加热,控制沙浴温度在 260～280 ℃，观察硫酸铜粉末颜色的变化。

（4）当坩埚内的粉末由蓝色全部变为白色时停止加热（需 15～20 min），并用坩埚钳将坩埚移入干燥器，冷至室温。

（5）用滤纸将坩埚外壁揩干净后，放在分析天平上称量，即得坩埚和无水硫酸铜的总质量。计算无水硫酸铜的质量。

（6）重复进行沙浴加热、冷却、称量，如果两次称量结果之差不大于 0.001 g，按本实训的要求，可认为无水硫酸铜已经恒重。否则，应重复以上操作，直到符合要求为止。实训后，按要求回收无水硫酸铜。

3. 数据记录与结果处理

将实训数据记录在表 2-7 中。

表 2-7　硫酸铜结晶水的测定数据记录与处理

空坩埚质量/g			空坩埚和无水硫酸铜的质量/g	加热后坩埚和无水硫酸铜的质量/g		
第一次称量	第二次称量	平均值		第一次称量	第二次称量	平均值

$CuSO_4 \cdot 5H_2O$ 的质量 $m_1 = $ _____ g

$CuSO_4 \cdot 5H_2O$ 的物质的量 $n_1 = m_1/249.68 \text{ g} \cdot \text{mol}^{-1} = $ _____ mol

$CuSO_4$ 的质量 $m_2 = $ _____ g

$CuSO_4$ 的物质的量 $n_2 = m_2/159.6 \text{ g} \cdot \text{mol}^{-1} = $ _____ mol

结晶水的质量 $m_3 = $ _____ g

结晶水的物质的量 $n_3 = m_3/18.0 \text{ g} \cdot \text{mol}^{-1} = $ _____ mol

单位物质的量的 $CuSO_4$ 的结合水的数目 $x = n_3/n_2 = $ _____

水合硫酸铜的化学式 _____

 注意事项

（1）水合硫酸铜脱水的关键：

① $CuSO_4 \cdot 5H_2O$ 要摊平并铺成均匀的一层；

② 温度要控制在 240～280 ℃；

③ 温度计末端与坩埚底部要尽量在同一水平面上；

④ $CuSO_4 \cdot 5H_2O$ 粉末应由蓝色全部变成灰白色，而不是浅蓝色。

（2）热坩埚放入干燥器后，一定要在短时间内将干燥器盖子打开 1～2 次，以免内部压力降低，难以打开。

（3）注意恒重。

 实训思考

（1）加热后的坩埚为什么一定要在干燥器内冷却至室温才能称量？

(2) 若前后几次称量坩埚时不使用同一台分析天平,对实训结果是否有影响?

(3) 为什么要进行重复的灼烧操作?什么是恒重?

实训 11　醋酸电离度和电离平衡常数的测定

实训目的

(1) 了解用酸度计测定醋酸电离平衡常数的原理和方法。

(2) 进一步理解并掌握电离平衡的概念。

(3) 熟悉酸度计、滴定管、移液管、容量瓶的操作方法。

预习要求

(1) 熟悉 pHS-25 型酸度计、容量瓶、移液管、滴定管的操作方法。

(2) 思考醋酸电离度、电离平衡常数是否随温度或浓度的改变而改变。

(3) 思考本实训的关键操作是什么。

参考学时

4 学时。

实训原理

醋酸又名乙酸(CH_3COOH 或 HAc),是常见的一元弱酸之一,是弱电解质,在水溶液中存在下列电离平衡:

$$HAc \rightleftharpoons H^+ + Ac^-$$

假设醋酸的原始浓度为 c_0,电离度为 α,平衡时 HAc、H^+、Ac^- 的浓度分别为 $[HAc]$、$[H^+]$、$[Ac^-]$,电离平衡常数为 K_a,则

$$K_a = \frac{[H^+][Ac^-]}{[HAc]}$$

$$\alpha = \frac{[H^+]}{c_0} \times 100\%$$

在纯 HAc 溶液中,$[H^+] = [Ac^-] = c_0\alpha$,$[HAc] = c_0(1-\alpha)$,则

$$K_a = \frac{[H^+][Ac^-]}{[HAc]} = \frac{[H^+]^2}{[HAc]} = \frac{(c_0\alpha)^2}{c_0(1-\alpha)} = \frac{c_0\alpha^2}{1-\alpha}$$

当 $\alpha < 5\%$ 时,$1-\alpha \approx 1$,故近似有

$$K_a = \frac{c_0\alpha^2}{1-\alpha} = c_0\alpha^2 = \frac{[H^+]^2}{c_0}$$

由此可见,在一定温度下,用酸度计测定一系列已知浓度的醋酸溶液的 pH,根据 $pH = -\lg[H^+]$,可换算出相应的 $[H^+]$。将 $[H^+]$ 的值代入上式,可求出一系列对应的

K_a 和 α 值,取其平均值,即为该温度下醋酸的电离平衡常数和电离度。

 仪器及试剂

(1) 仪器:pHS-25 型酸度计(其配套的指示电极是玻璃电极,参比电极是甘汞电极)、烧杯、酸式滴定管、容量瓶、移液管、烧杯。

(2) 试剂:0.1 mol·L^{-1} HAc。

 实训内容

1. 练习几种仪器的基本操作
(1) pHS-25 型酸度计的使用方法:参见任务 13。
(2) 容量瓶的使用方法:参见任务 15。
(3) 移液管的使用方法:参见任务 14。
(4) 滴定管的使用方法:参见任务 16。

2. 配制不同浓度的 HAc 溶液
用滴定管依次向四个容量瓶中加入 25.00 mL、20.00 mL、10.00 mL 和 5.00 mL 已知浓度的 HAc 溶液,再用移液管依次加入蒸馏水至刻度,摇匀,计算出这四个容量瓶中 HAc 溶液的浓度。

3. 测定不同浓度的 HAc 溶液的 pH,计算 HAc 溶液的电离度和电离平衡常数
将以上稀释的 HAc 溶液分别加入四只洁净、干燥的烧杯(50 mL)中,按由稀到浓的顺序用酸度计分别测定它们的 pH,并记录数据和室温。计算电离度和电离平衡常数。

4. 数据记录与结果处理
将实训数据记录在表 2-8 中。

表 2-8　数据记录与处理

室温:＿＿＿＿＿＿℃

烧杯编号	加入的 HAc 溶液体积/mL	c_0 /(mol·L^{-1})	pH	[H$^+$] /(mol·L^{-1})	α	K_a 的测定值	K_a 的平均值
1	25.00						
2	20.00						
3	10.00						
4	5.00						

由实训可知:在一定的温度下,HAc 的电离平衡常数为一个固定值,与溶液的浓度无关。

 注意事项

(1) 在旋塞上涂凡士林时,滴定管始终要平拿、平放,不要直立,以免擦干的塞槽又被

沾湿。

(2) 在使用滴定管时,必须注意,滴定管旋塞下端不应有气泡,否则会造成读数的误差。排出气泡的方法是:在滴定管中装入一定量溶液后,对于酸式滴定管,将滴定管适当倾斜,迅速开启旋塞,气泡就可被冲出的溶液带走(见图 2-22);对于碱式滴定管,将乳胶管向上弯曲,出口向上倾斜,挤压玻璃球的右上方(不能挤压下方,否则还会进空气),使溶液从尖嘴处快速冲出带走气泡。

(3) 滴定管要垂直固定在滴定管架上,调零和读数时,可在液面后衬一纸板,纸板的颜色与滴定液的要有明显的差别。

(4) 读数时,如果滴定液是有色溶液,如 $KMnO_4$ 溶液等,则视线应与液面两侧的最高点相切。

(5) 滴定通常在锥形瓶中进行,必要时也可在烧杯、容量瓶中进行。对溴酸钾法、碘量法等,则在碘量瓶中进行反应和滴定。

 实训思考

(1) 怎样测定 HAc 溶液的浓度?

(2) 怎样从测得的 HAc 溶液的 pH 计算出 K_a?

(3) 用蒸馏水清洗滴定管后就直接取 HAc 溶液开始滴定操作,对 HAc 溶液的浓度和实训结果有何影响?

(4) 本实训中容量瓶是否一定要烘干后才能使用?为什么?

(5) 在 25 ℃时,醋酸的电离平衡常数为 1.76×10^{-5},将实训温度下的电离平衡常数和其比较,看有无误差,并分析误差原因。

项目三 无机化合物的制备

 实训 12 硫酸亚铁铵的制备

 实训目的

(1) 了解复盐硫酸亚铁铵的一般特性。

(2) 掌握无机化合物制备的一些基本操作:水浴加热、蒸发、浓缩、结晶、减压过滤等。

(3) 学会硫酸亚铁铵的制备方法,练习用目视比色法检验产品的质量等级。

 预习要求

(1) 掌握常用玻璃及瓷质仪器,如烧杯、锥形瓶、蒸发皿、布氏漏斗等的使用方法。

（2）预习无机化合物制备的一些基本操作：水浴加热、蒸发、浓缩、结晶、减压过滤等。

（3）查物质的溶解度数据表，理解温度对溶解度的影响。

（4）掌握复盐的性质、硫酸亚铁铵的制备方法。

（5）学习硫酸亚铁铵纯度检验的方法。

（6）学习用目视比色法检验产品的质量等级。

 参考学时

3 学时。

 实训原理

硫酸亚铁铵（$(NH_4)_2SO_4 \cdot FeSO_4 \cdot 6H_2O$）俗称莫尔盐，为浅绿色透明晶体，易溶于水。一般亚铁盐在空气中易被氧化，而$(NH_4)_2SO_4 \cdot FeSO_4 \cdot 6H_2O$在空气中比一般亚铁盐要稳定。和其他复盐一样，$(NH_4)_2SO_4 \cdot FeSO_4 \cdot 6H_2O$在水中的溶解度比组成它的每一组分$FeSO_4$或$(NH_4)_2SO_4$的溶解度都要小。利用这一特点，可通过蒸发浓缩$FeSO_4$与$(NH_4)_2SO_4$溶于水所制得的浓混合溶液制取$(NH_4)_2SO_4 \cdot FeSO_4 \cdot 6H_2O$晶体。三种盐的溶解度数据列于表2-9。

表 2-9 三种盐的溶解度 $(g \cdot (100\ g\ (H_2O)))^{-1}$

温度/℃	$FeSO_4$	$(NH_4)_2SO_4$	$(NH_4)_2SO_4 \cdot FeSO_4 \cdot 6H_2O$
10	20.0	73	17.2
20	26.5	75.4	21.6
30	32.9	78	28.1

由于$(NH_4)_2SO_4 \cdot FeSO_4 \cdot 6H_2O$在水中的溶解度在$0 \sim 30\ ℃$比组成它的简单盐$(NH_4)_2SO_4$和$FeSO_4$要小，因此，只要将其简单盐按一定的比例在水中溶解、混合，即可制得$(NH_4)_2SO_4 \cdot FeSO_4 \cdot 6H_2O$的晶体，具体方法介绍如下。

（1）将金属 Fe 溶于稀H_2SO_4，制备$FeSO_4$。

$$Fe + H_2SO_4 =\!=\!= FeSO_4 + H_2 \uparrow$$

（2）将制得的$FeSO_4$溶液与等物质的量的$(NH_4)_2SO_4$在溶液中混合，经加热浓缩、冷却后即得到溶解度较小的硫酸亚铁铵晶体。

$$FeSO_4 + (NH_4)_2SO_4 + 6H_2O =\!=\!= FeSO_4 \cdot (NH_4)_2SO_4 \cdot 6H_2O$$

产品中主要的杂质是Fe^{3+}，产品的质量等级也常以Fe^{3+}含量的多少来评定。本实训采用目视比色法检验产品的质量等级。Fe^{3+}与SCN^-能生成$[Fe(SCN)]^{2+}$，显红色，颜色深浅与Fe^{3+}的含量相关。将所制备的硫酸亚铁铵晶体与 KSCN 溶液在比色管中配制成待测溶液，将它所呈现的红色与具有一定含量Fe^{3+}的标准$[Fe(SCN)]^{2+}$溶液的红色进行比较，从而确定待测溶液中杂质Fe^{3+}的含量范围，即可确定产品的质量等级。

仪器及试剂

（1）仪器：锥形瓶、电热炉、三脚架、蒸发皿、台秤、水浴锅（可用大烧杯代替）、吸滤瓶、布氏漏斗、真空泵、比色管、pH试纸。

（2）试剂：$3\ mol \cdot L^{-1}\ H_2SO_4$、$0.01\ mol \cdot L^{-1}$标准$[Fe(SCN)]^{2+}$、25% KSCN、$(NH_4)_2SO_4(s)$、10% Na_2CO_3、铁屑、95%乙醇。

 实训内容

1. Fe屑的净化

用台秤称取2.0 g Fe屑，放入锥形瓶中，加入15 mL 10% Na_2CO_3溶液，小火加热煮沸约10 min，以除去Fe屑上的油污，倾去Na_2CO_3碱液，用自来水冲洗后，再用去离子水把Fe屑冲洗干净。

2. $FeSO_4$的制备

向盛有Fe屑的锥形瓶中加入15 mL $3\ mol \cdot L^{-1}\ H_2SO_4$溶液（记下液面），水浴（电炉）加热至不再有气泡放出（注意补充蒸发掉的水分，防止$FeSO_4$结晶），趁热减压过滤，用少量热水洗涤锥形瓶及布氏漏斗上的残渣，抽干。将滤液转移至洁净的蒸发皿中，此时溶液的pH应为1～2。将留在锥形瓶内和滤纸上的残渣收集在一起，用滤纸片吸干后称重，由已反应的Fe屑质量算出溶液中生成的$FeSO_4$的量。

3. $(NH_4)_2SO_4 \cdot FeSO_4 \cdot 6H_2O$的制备

称取$(NH_4)_2SO_4$ 4.3 g，放在盛有$FeSO_4$溶液的蒸发皿中。水浴加热，搅拌使$(NH_4)_2SO_4$全部溶解，并用$3\ mol \cdot L^{-1}\ H_2SO_4$溶液调节至pH为1～2，继续在水浴上蒸发、浓缩至表面出现结晶薄膜为止（蒸发过程中不宜搅动溶液）。静置，使之缓慢冷却，$(NH_4)_2SO_4 \cdot FeSO_4 \cdot 6H_2O$晶体析出，减压过滤除去母液，并用少量95%乙醇洗涤晶体，抽干。将晶体取出，摊在两张吸水纸之间，轻压吸干。

观察晶体的颜色和形状。称重，计算产率。

4. 计算产率

称取2 g Fe屑，理论产量为14.0 g。计算方法如下：

根据反应式有　　　　　$Fe \sim (NH_4)_2SO_4 \cdot FeSO_4 \cdot 6H_2O$

$$55.85\ g \qquad\qquad 392.13\ g$$
$$2\ g \qquad\qquad m_{理论}$$

　　　$m_{理论} = (2/55.85) \times 392.13\ g = 14.0\ g$，　产率$= (m_{实际}/m_{理论}) \times 100\%$

而在反应中实际用去的$(NH_4)_2SO_4$的质量为4.3 g，故理论产量取$4.3/132.13 \times 392.13 = 12.8\ g$为合适。

5. 质量检测

称取1.0 g产品，放在25 mL比色管中，加15 mL不含氧的蒸馏水溶解，再加入1 mL $3\ mol \cdot L^{-1}\ H_2SO_4$溶液，加入1 mL 25% KSCN溶液，稀释至刻度摇匀，与标准色阶对比，判断等级。

注意事项

(1) $FeSO_4$ 的制备:因实训条件有限,此步可将锥形瓶直接置于电热板上加热,但加热时要适当补水(保持 15 mL 左右)。若水太少,则 $FeSO_4$ 容易析出;若水太多,则下一步进行缓慢。

(2) 过滤 $FeSO_4$ 时,应注意布氏漏斗的正确使用。

(3) 硫酸亚铁铵晶体的制备:加入 $(NH_4)_2SO_4$ 后,应搅拌使其溶解后再进行下一步。加热应在水浴上进行,防止失去结晶水。

(4) 在布氏漏斗中放滤纸后,应先将滤纸润湿,使其与布氏漏斗贴紧,再进行抽滤。

(5) 抽滤完毕时,应先拆下连接真空泵和安全瓶的橡皮管,再关电源。

实训思考

(1) 如何利用目视法来判断产品中杂质 Fe^{3+} 的含量?

(2) Fe 屑中加入 H_2SO_4 溶液,水浴加热至不再有气泡放出时,为什么要趁热减压过滤?

(3) $FeSO_4$ 溶液中加入 $(NH_4)_2SO_4$,全部溶解后,为什么要调节至 pH 为 1~2?

(4) 蒸发浓缩至表面出现结晶薄膜后,为什么要缓慢冷却后再减压过滤?

(5) 洗涤晶体时为什么用 95% 乙醇而不用水洗涤晶体?

实训 13 硝酸钾的制备和提纯

实训目的

(1) 了解利用各种易溶盐在不同温度下溶解度的差异来制备易溶盐的原理和方法。

(2) 掌握蒸发、结晶、过滤等基本操作。

(3) 学会溶解、减压过滤操作,练习用重结晶法提纯物质。

预习要求

(1) 掌握重结晶的定义和原理。

(2) 了解本实训涉及的基本操作及注意事项。

参考学时

4 学时。

实训原理

本实训采用转化法,即由 $NaNO_3$ 和 KCl 来制备硝酸钾,其反应式如下:

$$NaNO_3 + KCl \Longrightarrow NaCl + KNO_3$$

该反应是可逆的,因此可以通过改变反应条件使反应向右进行。

表 2-10　$NaNO_3$、KCl、NaCl、KNO_3 在不同温度下的溶解度$(g \cdot (100\ g\ (H_2O)))^{-1}$

温度/℃	0	10	20	30	40	60	80	100
KNO_3	13.3	20.9	31.6	45.8	63.9	110.0	169	246
KCl	27.6	31.0	34.0	37.0	40.0	45.5	51.1	56.7
$NaNO_3$	73	80	88	96	104	124	148	180
NaCl	35.7	35.8	36.0	36.3	36.6	37.3	38.4	39.8

由表 2-10 中的数据可以看出,反应体系中四种盐的溶解度在不同温度下的差别是非常显著的,NaCl 的溶解度随温度变化不大,而 KNO_3 的溶解度随温度的升高迅速增大。因此,将一定量的固体 $NaNO_3$ 和 KCl 在较高温度下溶解后再加热浓缩时,由于 NaCl 的溶解度增加很少,随着浓缩的进行,溶剂水的量不断减少,NaCl 晶体首先析出。而 KNO_3 的溶解度增加很多,在溶液中达不到饱和,所以不析出。趁热减压过滤,可除去 NaCl 晶体。然后将此滤液冷却至室温,KNO_3 因温度降低溶解度急剧下降而析出。过滤后可得含少量 NaCl 等杂质的 KNO_3 晶体。再经过重结晶提纯,可得 KNO_3 纯品。KNO_3 产品中的杂质 NaCl 可利用 Cl^- 和 Ag^+ 生成 AgCl 白色沉淀来检验。

 仪器及试剂

(1)仪器:烧杯、温度计(200 ℃)、吸滤瓶、布氏漏斗、真空泵、台秤、石棉网、酒精灯、玻璃棒、量筒、三脚架、试管架、试管。

(2)试剂:KCl(s)、$NaNO_3$(s)(工业级或试剂级)、$0.1\ mol \cdot L^{-1}\ AgNO_3$。

 实训内容

(1)称取 10 g $NaNO_3$ 和 8.5 g KCl 固体,放入 100 mL 烧杯中,加入 20 mL 蒸馏水。

(2)将盛有原料的烧杯放在石棉网上,用酒精灯加热,并不断搅拌,至烧杯内固体全部溶解,记下烧杯中液面的位置。当溶液沸腾时,用温度计测量溶液此时的温度,并记录。

(3)继续加热并不断搅拌,当烧杯内溶液浓缩至原有体积的 2/3 时,已有 NaCl 晶体析出,趁热快速减压过滤(布氏漏斗在沸水中或烘箱中预热)。

(4)将滤液转移至烧杯中,并用 5 mL 热的蒸馏水分数次洗涤吸滤瓶,洗液转入盛滤液的烧杯中,记下此时烧杯中液面的位置。加热至滤液体积为原有体积的 3/4 时,冷却至室温,观察晶体状态。减压过滤,将 KNO_3 晶体尽量抽干,得到的产品为粗产品,称量。

(5)留下绿豆粒大小的晶体供纯度检验用,其余的按粗产品与水的质量比为 2∶1 将粗产品溶于蒸馏水中,加热,搅拌,待晶体全部溶解后停止加热。待溶液冷却至室温后抽滤,即得到纯度较高的 KNO_3 晶体,称量。

(6)纯度检验。取绿豆粒大小的粗产品和一次重结晶得到的产品,分别放入两支小

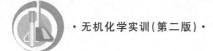

试管中,各加入 2 mL 蒸馏水配成溶液。在溶液中分别滴入 $0.1\ mol \cdot L^{-1}\ AgNO_3$ 溶液 2 滴,观察现象,进行对比,重结晶后的产品溶液应澄清。若重结晶后的产品中仍然检验出含有 Cl^-,则产品应再次重结晶。

 注意事项

实训第(3)步中一定要趁热快速减压过滤,这就要求将布氏漏斗在沸水中或烘箱中预热。

 实训思考

(1) 产品的主要杂质是什么?
(2) 能否将除去 NaCl 后的滤液直接冷却制取 KNO_3?
(3) 考虑在母液中留有 KNO_3,粗略计算本实训实际的产量。
(4) 溶液沸腾后为什么温度高达 100 ℃以上?

 # 实训 14　硫代硫酸钠的制备

 实训目的

(1) 了解硫代硫酸钠的制备原理和方法,学习用亚硫酸钠法制备硫代硫酸钠。
(2) 进一步熟悉蒸发浓缩、减压过滤、结晶等基本操作。
(3) 了解硫代硫酸钠的检验方法。

 预习要求

(1) 熟悉常用玻璃及瓷质仪器,如烧杯、量筒、蒸发皿等的使用方法。
(2) 熟悉台秤的使用及蒸发浓缩、减压过滤、结晶等基本操作。
(3) 明确实训目的,理解实训原理。
(4) 了解结晶操作中需注意的问题。

 参考学时

4 学时。

 实训原理

五水硫代硫酸钠($Na_2S_2O_3 \cdot 5H_2O$)是一种重要的化工原料,俗称"海波",又名"大苏打",为无色透明单斜晶体,易溶于水,难溶于乙醇,熔点为 48 ℃,在潮湿的空气中微潮解,其溶解度随温度降低而下降。加热至 100 ℃时会失去全部结晶水,温度更高则分解为硫化钠和硫酸钠。

硫代硫酸钠具有不稳定性、较强的还原性和配位能力,可据此对其产品进行性质鉴定。例如,用 HCl 溶液检验其不稳定性,用碘水和淀粉溶液检验其还原性,用硝酸银溶液和溴化钾溶液检验其配位性。硫代硫酸钠可用做照相行业的定影剂,洗染业、造纸业的脱氯剂,定量分析中的还原剂。

本实训采用亚硫酸钠法。用近饱和的亚硫酸钠溶液和硫黄粉共煮来制备硫代硫酸钠。主要反应方程式如下:

$$Na_2SO_3 + S + 5H_2O = Na_2S_2O_3 \cdot 5H_2O$$

经脱色、过滤、蒸发、浓缩结晶、再过滤、干燥,即得产品。

$Na_2S_2O_3$ 在温度过高时可以分解,因此,在浓缩过程中要注意不能蒸发过度。

 仪器及试剂

(1) 仪器:电热套、台秤、锥形瓶、量筒、烧杯、蒸发皿、磁力搅拌器、玻璃棒、石棉网、吸滤瓶、布氏漏斗、真空泵、滤纸、试管、点滴板、表面皿。

(2) 试剂:Na_2SO_3(s)、硫黄粉、活性炭、乙醇、1 mol·L^{-1} AgNO$_3$、碘水、淀粉溶液、6 mol·L^{-1} HCl、0.1 mol·L^{-1} KBr、蓝色石蕊试纸。

 实训内容

1. 硫代硫酸钠的制备

(1) 称取 5.1 g Na_2SO_3 固体于 100 mL 锥形瓶中,加 50 mL 蒸馏水,搅拌使固体溶解。

(2) 称取 1.5 g 硫黄粉于 100 mL 烧杯中,加 3 mL 乙醇,充分搅拌均匀,再加入 Na_2SO_3 溶液,混匀,盖上表面皿,加热并不断搅拌。

(3) 待溶液沸腾后改用小火加热,保持微沸状态 1 h,不断地用玻璃棒充分搅拌,并将烧杯壁上黏附的硫黄用少量水冲洗下来,直至仅有少许硫黄粉悬浮于溶液中,加少量活性炭脱色。

(4) 趁热减压过滤,将滤液转至蒸发皿中,水浴加热,浓缩液体至表面出现结晶为止。

(5) 自然冷却、结晶。

(6) 减压过滤,滤液回收。

(7) 用少量乙醇洗涤晶体,用滤纸吸干后,称重,计算产率。

2. 硫代硫酸钠的性质鉴定

取少量自制的 $Na_2S_2O_3 \cdot 5H_2O$ 晶体,溶于 10 mL 水中,制成溶液,进行以下实训,观察、记录实训现象。

1) $S_2O_3^{2-}$ 鉴定

在点滴板中滴入 $Na_2S_2O_3$ 溶液,再向 $Na_2S_2O_3$ 溶液中滴加 2 滴 0.1 mol·L^{-1} AgNO$_3$ 溶液。观察现象。如果沉淀由白色依次变为黄色、棕色、黑色,可证明含有 $S_2O_3^{2-}$。

$$2Ag^+ + S_2O_3^{2-} = Ag_2S_2O_3$$
$$Ag_2S_2O_3 + H_2O = Ag_2S\downarrow + H_2SO_4$$

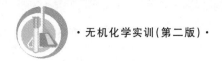

2）$Na_2S_2O_3 \cdot 5H_2O$ 的稳定性

取少量 $Na_2S_2O_3$ 溶液于试管中,加入 3 滴 6 mol·L^{-1} HCl 溶液,振荡片刻,用湿润的蓝色石蕊试纸检验逸出气体,观察现象。

$$S_2O_3^{2-} + 2H^+ \Longrightarrow S\downarrow + SO_2 + H_2O$$

3）$Na_2S_2O_3 \cdot 5H_2O$ 的还原性

滴入少量的碘水和淀粉溶液于试管中,然后向试管中滴入少量 Na_2SO_3 溶液,观察现象。

$$2S_2O_3^{2-} + I_2 \Longrightarrow S_4O_6^{2-} + 2I^-$$

4）$Na_2S_2O_3 \cdot 5H_2O$ 的配位性

在点滴板中滴加 2 滴 0.1 mol·L^{-1} AgNO$_3$ 溶液和 2 滴 0.1 mol·L^{-1} KBr 溶液,再滴入 3 滴 $Na_2S_2O_3$ 溶液,观察现象。

$$Ag^+ + Br^- \Longrightarrow AgBr\downarrow$$
$$AgBr + 2S_2O_3^{2-} \Longrightarrow [Ag(S_2O_3)_2]^{3-} + Br^-$$

3. 数据处理

将实际产量除以理论产量,就可以得到硫代硫酸钠晶体的产率。

注意事项

（1）蒸发浓缩时,若速度太快,则产品易于结块;若速度太慢,则产品不易结晶。

（2）反应中的硫黄用量已经是过量的,不需再多加。

（3）操作过程中,浓缩液终点不易观察,有晶体出现即可。

（4）反应过程中,应不时地将烧杯壁上的硫黄粉搅入反应液中。

（5）注意保持反应液体积不小于 32 mL。

（6）抽滤时应细心操作,避免活性炭进入滤液。

（7）浓缩结晶时,切忌蒸出较多溶剂,以免产物因缺水而固化,得不到 $Na_2S_2O_3 \cdot 5H_2O$ 晶体。

（8）若放置一段时间仍没有晶体析出,则是形成了过饱和溶液,可通过摩擦器壁或加一粒硫代硫酸钠晶体引发结晶。

实训思考

（1）硫黄粉稍有过量,为什么?

（2）为什么加入乙醇和活性炭?

（3）蒸发浓缩时,为什么不可将溶液蒸干?

（4）如果没有晶体析出,该如何处理?

（5）减压过滤完成,应如何操作?

（6）减压过滤后晶体要用乙醇洗涤,为什么?

项目四 元素及其化合物的性质

实训 15 配合物的生成与性质

实训目的

（1）了解配位平衡与氧化还原反应、沉淀反应及溶液酸碱性的关系。

（2）掌握配合物与复盐、配离子与简单离子的区别，以及配离子的稳定性。

（3）学会配合物的制备。

（4）练习离心分离的操作。

预习要求

（1）熟悉本实训所需仪器设备和药品试剂。

（2）阅读实训有关原理和实训内容，以便在实训中有的放矢。

参考学时

2 学时。

实训原理

配合物是由中心离子（或原子）和一定数目的中性分子或阴离子按一定的空间构型以配位键结合而形成的化合物，可由简单的化合物中加入配位剂反应生成。配合物一般分为内界和外界两部分，内界即配离子，由中心原子和配体组成，其余部分为外界。

配合物在水溶液中一般解离成配离子和外界离子，而配离子在溶液中较稳定，不易解离。配合物与复盐的根本区别在于复盐在水溶液中能完全解离成简单的离子。

配离子在水溶液中的稳定性是相对的，能微弱地解离成简单离子和配体，与配离子的形成存在着平衡。例如：

$$[Cu(NH_3)_4]^{2+} \underset{配位}{\overset{解离}{\rightleftharpoons}} Cu^{2+} + 4NH_3$$

因而，配离子在溶液中的稳定性，除与其基本性质有关外，还与外界条件有关。例如，溶液的酸碱性的改变，沉淀剂及氧化剂、还原剂等的加入都会使配位平衡发生移动。

仪器及试剂

（1）仪器：试管、试管夹、试管架、离心试管、离心机、烧杯、表面皿、量筒、红色石蕊

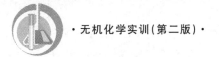

试纸。

（2）试剂：3 mol·L⁻¹ H₂SO₄，6 mol·L⁻¹ NaOH，6 mol·L⁻¹ NH₃·H₂O，0.1 mol·L⁻¹下列溶液：NaOH、NaCl、CuSO₄、KBr、KI、FeCl₃、KSCN、K₃[Fe(CN)₆]、NH₄Fe(SO₄)₂、BaCl₂、AgNO₃、Na₂S₂O₃、NH₄F 和 CCl₄。

 实训内容

1. 配离子的生成和配离子的稳定性

（1）取两支试管，分别加入 0.1 mol·L⁻¹ CuSO₄ 溶液 1 mL，在第一支试管中加入 0.1 mol·L⁻¹ BaCl₂ 溶液 4 滴，在第二支试管中加入 0.1 mol·L⁻¹ NaOH 溶液 4 滴，观察现象。写出反应方程式。

（2）配离子的生成和配离子的稳定性。另取一支试管，加入 0.1 mol·L⁻¹ CuSO₄ 溶液 3 mL，然后逐滴加入 6 mol·L⁻¹ NH₃·H₂O，边滴边振荡，待生成的沉淀完全溶解后再加入过量 NH₃·H₂O 2 滴，观察现象。写出反应方程式。再另取两支试管，分别加上述溶液 1 mL（多余的溶液留待后面实训使用），然后在第一支试管中加入 0.1 mol·L⁻¹ BaCl₂ 溶液 4 滴，在第二支试管中加入 0.1 mol·L⁻¹ NaOH 溶液 4 滴。观察现象，并加以解释。

2. 配合物与复盐的区别

（1）复盐 NH₄Fe(SO₄)₂ 中离子的鉴别。

① SO₄²⁻ 和 Fe³⁺ 的鉴别。取两支试管，在第一支试管中加入 0.1 mol·L⁻¹ NH₄Fe(SO₄)₂ 溶液 4 滴，再加入 0.1 mol·L⁻¹ BaCl₂ 溶液 2 滴；在第二支试管中加入 0.1 mol·L⁻¹ NH₄Fe(SO₄)₂ 溶液 4 滴，再加入 0.1 mol·L⁻¹ KSCN 溶液 2 滴。观察现象，并加以解释。

② NH₄⁺ 的鉴别。在一块较大的表面皿中加入 0.1 mol·L⁻¹ NH₄Fe(SO₄)₂ 溶液 5 滴，再加入 6 mol·L⁻¹ NaOH 溶液 4 滴，混合均匀。另取一块洁净的表面皿，在其中心粘贴一条湿润的红色石蕊试纸，将其盖在大表面皿上做成气室，把气室放在水浴上微热2～3 min。观察现象，并加以解释。

（2）配合物 [Cu(NH₃)₄]SO₄ 中离子的鉴别。

SO₄²⁻ 和 Cu²⁺ 的鉴别。取两支试管，分别加入已制备的深蓝色 [Cu(NH₃)₄]SO₄ 溶液 1 mL，然后向第一支试管中加入 0.1 mol·L⁻¹ BaCl₂ 溶液 5 滴，第二支试管中加入 0.1 mol·L⁻¹ NaOH 溶液 5 滴。观察现象，并加以解释。

根据以上两组实训的现象，分析并总结配合物与复盐的区别。

（3）配离子和简单离子的区别。

取试管一支，加入 0.1 mol·L⁻¹ FeCl₃ 溶液 5 滴，再滴加 0.1 mol·L⁻¹ KSCN 溶液 2 滴，观察现象，写出反应方程式。

用 0.1 mol·L⁻¹ K₃[Fe(CN)₆] 溶液代替上述 FeCl₃ 溶液进行相同的实训，观察现象，解释原因。

3. 配位平衡及其移动

1）配位平衡与沉淀反应

取离心试管一支,加入 $0.1 \ mol \cdot L^{-1}$ $AgNO_3$ 溶液 10 滴和 $0.1 \ mol \cdot L^{-1}$ NaCl 溶液 10 滴,离心分离后弃去上层清液,然后逐滴加入 $6 \ mol \cdot L^{-1}$ $NH_3 \cdot H_2O$,边加边振荡,至沉淀刚好完全溶解为止。

向上述溶液中滴加 $0.1 \ mol \cdot L^{-1}$ NaCl 溶液 2 滴,观察有无白色沉淀生成,然后再滴加 $0.1 \ mol \cdot L^{-1}$ KBr 溶液 2 滴,观察有无沉淀生成及沉淀的颜色。继续滴加 $0.1 \ mol \cdot L^{-1}$ KBr 溶液,至不再有沉淀产生为止。离心分离沉淀,弃去上层清液,在沉淀中滴加 $0.1 \ mol \cdot L^{-1}$ $Na_2S_2O_3$ 溶液直到沉淀刚好完全溶解为止。

再向上述溶液中滴加 $0.1 \ mol \cdot L^{-1}$ KBr 溶液 2 滴,观察有无淡黄色 AgBr 沉淀生成,然后再滴加 $0.1 \ mol \cdot L^{-1}$ KI 溶液,观察是否有黄色 AgI 沉淀生成。

根据沉淀物的溶度积常数和配合物的稳定常数对上述一系列现象进行解释,写出每一步反应的离子方程式。

2)配位平衡与氧化还原反应

取试管两支,分别加入 $0.1 \ mol \cdot L^{-1}$ $FeCl_3$ 溶液 4 滴,再向第一支试管中逐滴加入 $0.1 \ mol \cdot L^{-1}$ NH_4F 溶液,边加边振荡,至溶液的黄色完全褪去,再过量几滴,第二支试管中不加。然后向上述两支试管中分别加入 $0.1 \ mol \cdot L^{-1}$ KI 溶液 4 滴和 CCl_4 溶液 4 滴,充分振荡,观察两支试管中 CCl_4 层的颜色。解释反应的现象,写出反应方程式。

3)配位平衡与溶液的酸碱性

在试管中加入 $0.1 \ mol \cdot L^{-1}$ $CuSO_4$ 溶液 10 滴,再逐滴加入 $6 \ mol \cdot L^{-1}$ $NH_3 \cdot H_2O$,边加边振荡,直到生成的沉淀刚好完全溶解为止。然后逐滴加入 $3 \ mol \cdot L^{-1}$ H_2SO_4 溶液,观察溶液颜色的变化,并加以解释,写出相关反应方程式。

 注意事项

(1)离心分离沉淀时,要等离心管配重后再合上离心机盖板。

(2)进行 NH_4^+ 的鉴别时应注意,在制作气室时,粘贴在表面皿上面湿润的红色石蕊试纸不能接触气室内的溶液。

 实训思考

(1)配离子是怎样形成的? 如何用试验方法证明它与简单离子的区别?

(2)为什么 Na_2S 溶液不能使 $K_4[Fe(CN)_6]$ 溶液产生沉淀,却能使 $[Cu(NH_3)_4]SO_4$ 溶液产生沉淀?

(3)在 $FeCl_3$ 溶液中加入 KSCN 溶液后再加入 EDTA 溶液,会有何现象发生? 为什么?

 # 实训 16　卤素族

 实训目的

(1)了解次氯酸盐和氯酸盐的氧化性。

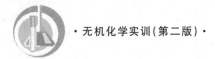

（2）掌握 Cl^-、Br^-、I^- 的鉴别与分离方法。

（3）掌握卤素氧化性和卤离子还原性强弱的变化规律。

（4）练习萃取和分液操作。

 **预习要求**

（1）熟悉本实训所需仪器和试剂。

（2）了解卤素单质都是氧化剂，其氧化性强弱顺序为 $F_2>Cl_2>Br_2>I_2$；卤素阴离子具有还原性，其还原性强弱顺序为 $I^->Br^->Cl^-$。

（3）了解碘单质的特性反应。

 参考学时

2 学时。

 实训原理

卤素是元素周期表中第ⅦA族元素，其价电子层结构为 ns^2np^5，从原子结构看，是典型的非金属元素，易获得一个电子形成氧化数为 -1 的化合物。因此卤素单质都是氧化剂，其氧化性强弱顺序为 $F_2>Cl_2>Br_2>I_2$；卤素阴离子具有还原性，其还原性强弱顺序为 $I^->Br^->Cl^-$。

卤素的含氧酸根都具有氧化性，在酸性介质中能表现出较强的氧化性。

卤素阴离子能和 Ag^+ 反应生成不同颜色的沉淀，沉淀在不同的溶液中，其溶解度不同。利用这个性质，可以将 $AgCl$、$AgBr$ 和 AgI 进行鉴别或分离。

萃取是利用溶质在互不相溶的溶剂里溶解度不同，用一种溶剂把溶质从它与另一种溶剂所形成的溶液中分离出来的方法。

 仪器及试剂

（1）仪器：试管、试管架、量筒、离心试管、离心机、烧杯、分液漏斗、药匙、胶头滴管、酒精灯、铁架台。

（2）试剂：漂白粉，CCl_4，氯水，溴水，碘水，1%淀粉，淀粉-碘化钾试纸，品红溶液，$2\ mol \cdot L^{-1}\ HCl$，$3\ mol \cdot L^{-1}\ H_2SO_4$，$6\ mol \cdot L^{-1}\ HNO_3$，$6\ mol \cdot L^{-1}\ NH_3 \cdot H_2O$，$MnO_2$ 粉末，$KClO_3$，$0.1\ mol \cdot L^{-1}$ 下列溶液：$NaCl$、KCl、KBr、KI、$AgNO_3$、$Na_2S_2O_3$、$FeCl_3$。

 实训内容

1. 卤素单质的氧化性

（1）氯与溴氧化性的比较。取一支试管，加入 $0.1\ mol \cdot L^{-1}\ KBr$ 溶液4滴，再加蒸馏水稀释至约1 mL。然后逐滴加入氯水，边滴边振摇，观察有何现象。再加入5滴 CCl_4，充分振荡，观察 CCl_4 层的颜色。解释现象，写出反应式。

（2）溴与碘氧化性的比较。取一支试管，加入 $0.1\ mol\cdot L^{-1}$ KI 溶液 10 滴，再逐滴加入溴水，边滴边振摇，观察有何现象。然后加入 5 滴 CCl_4，充分振荡，观察 CCl_4 层的颜色。解释现象，写出反应式。

综合以上结果，说明卤素单质氧化性强弱的递变顺序。

（3）碘的氧化性。在试管中加入碘水 2 滴和 1% 淀粉溶液 1 滴，摇匀，观察有何现象。然后逐滴加入 $0.1\ mol\cdot L^{-1}$ $Na_2S_2O_3$ 溶液，边滴边振摇，观察现象，并加以解释，写出反应式。

2. 卤素离子的还原性

（1）取两支试管，在第一支试管中加入 $0.1\ mol\cdot L^{-1}$ KBr 溶液 4 滴，在第二支试管中加入 $0.1\ mol\cdot L^{-1}$ KI 溶液 4 滴，再向两支试管中各加 5 滴 CCl_4，摇匀，观察有何现象。然后分别加入 $0.1\ mol\cdot L^{-1}$ $FeCl_3$ 溶液 10 滴，充分振荡，观察 CCl_4 层颜色变化，并加以解释。

（2）取两支试管，在第一支试管中加入 $0.1\ mol\cdot L^{-1}$ KBr 溶液 10 滴，在第二支试管中加入 $0.1\ mol\cdot L^{-1}$ KCl 溶液 10 滴，再分别加入 $3\ mol\cdot L^{-1}$ H_2SO_4 溶液 2 滴和少量 MnO_2 粉末，加热片刻，观察溶液颜色的变化，并解释。

综合上述实训结果，说明 Cl^-、Br^- 和 I^- 还原性强弱的递变顺序。

3. 萃取

用量筒量取碘水 10 mL，用淀粉-碘化钾试纸测试，观察淀粉-碘化钾试纸颜色变化，并加以解释。将碘水倒入分液漏斗中，再加入 4 mL CCl_4，充分振荡。静置，待溶液分层后进行分液操作，烧杯回收 CCl_4 溶液。然后用淀粉-碘化钾试纸蘸取萃取后的碘水，观察试纸的颜色并与萃取之前进行比较。

4. 漂白粉和 $KClO_3$ 的氧化性

（1）漂白粉的氧化性。

取漂白粉固体少许放入干燥试管中，加入 $2\ mol\cdot L^{-1}$ HCl 溶液约 2 mL，振荡后小心闻其气味，再在试管口用淀粉-碘化钾试纸检验生成的气体，观察有何现象，并加以解释，写出反应方程式。

另取一支试管，加入蒸馏水 2 mL，然后取少量漂白粉固体放入试管中，同时滴入品红溶液 2 滴，振荡，观察有何变化，并加以解释。

（2）$KClO_3$ 的氧化性。

取少量 $KClO_3$ 晶体放入试管中，加蒸馏水 2 mL 溶解，将所得 $KClO_3$ 溶液均分在两支试管中，在第一支试管中加入 $3\ mol\cdot L^{-1}$ H_2SO_4 溶液 4 滴进行酸化，而另一支试管中不加。然后在两支试管中分别加入 $0.1\ mol\cdot L^{-1}$ KI 溶液 5 滴和 1% 淀粉溶液 5 滴，充分振荡，观察变化。比较 $KClO_3$ 氧化性的强弱与反应介质酸碱性的关系，写出反应方程式。

5. Cl^-、Br^- 和 I^- 的特性反应

取离心试管两支，均加入 $0.1\ mol\cdot L^{-1}$ $AgNO_3$ 溶液 5 滴和 $0.1\ mol\cdot L^{-1}$ NaCl 溶液 5 滴，观察沉淀颜色，离心后弃去上层清液，在其中一支离心试管中加入 $6\ mol\cdot L^{-1}$ HNO_3 溶液 5 滴，在另一支离心试管中加入 $6\ mol\cdot L^{-1}$ $NH_3\cdot H_2O$ 数滴，振荡，观察沉淀的溶解情况，写出反应方程式。

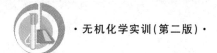
另取离心试管两支,各加入 $0.1\ mol \cdot L^{-1}$ AgNO$_3$溶液 5 滴和 $0.1\ mol \cdot L^{-1}$ KBr 溶液 5 滴,观察沉淀颜色,离心后弃去上层清液,在其中一支离心试管中加入 $0.1\ mol \cdot L^{-1}$ Na$_2$S$_2$O$_3$溶液数滴,在另一支离心试管中加入 $6\ mol \cdot L^{-1}$ NH$_3 \cdot$H$_2$O 数滴,振荡,观察沉淀的溶解情况,写出反应方程式。

再取离心试管两支,分别加入 $0.1\ mol \cdot L^{-1}$ AgNO$_3$溶液 5 滴和 $0.1\ mol \cdot L^{-1}$ KI 溶液 5 滴,观察沉淀颜色,离心后弃去上层清液,在其中一支离心试管中加入 $0.1\ mol \cdot L^{-1}$ Na$_2$S$_2$O$_3$溶液数滴,在另一支离心试管中加入 $6\ mol \cdot L^{-1}$ NH$_3 \cdot$H$_2$O 数滴,振荡,观察沉淀的溶解情况,写出反应方程式。

综合上述实训结果,说明 AgCl、AgBr 和 AgI 沉淀的区别。

 注意事项

(1) 银氨溶液不能存放,放置后会析出有爆炸性的物质氮化银、亚氨基化银等,因此要进行处理,加入 HCl 溶液使之转化为氯化银,进行回收。

(2) 注意安全嗅闻有刺激性、有毒气体的方法。

(3) 注意萃取过程中分液漏斗的正确操作。

 实训思考

(1) 淀粉-碘化钾试纸一般用来检验氯气,氯化钠和氯酸钾中的氯能否用这种试纸来检验?

(2) 有 3 瓶失去标签的白色固体物质,只知道它们分别是氯化物、溴化物、碘化物,如何用化学方法将它们区别开来?

(3) 在什么条件下漂白粉的消毒杀菌作用最佳?

(4) 溴及其化合物在工业、农业、医药等方面有哪些用途?

 实训 17　氧、硫、氮、磷

 实训目的

(1) 了解氧、硫、氮、磷重要化合物的性质。

(2) 掌握 S^{2-}、SO$_3^{2-}$、SO$_4^{2-}$、S$_2$O$_3^{2-}$、NH$_4^+$ 和 H$_2$O$_2$ 等的鉴别方法。

(3) 掌握主族元素性质的变化规律。

 预习要求

(1) 熟悉实训内容和所需仪器及试剂。

(2) 了解检验 S^{2-}、SO$_3^{2-}$、SO$_4^{2-}$、S$_2$O$_3^{2-}$ 和 NO$_3^-$ 等离子的方法。

(3) 了解 NO$_2^-$ 的性质。

（4）熟悉浓硫酸的特性和使用要求。

 参考学时

2 学时。

 实训原理

氧和硫是元素周期表中第 VI A 族元素，价电子层结构为 ns^2np^4。常见氧化数为 -2、$+4$ 和 $+6$。氮和磷是元素周期表中第 V A 族元素，价电子层结构为 ns^2np^3。常见氧化数为 -3、$+3$ 和 $+5$。

在 H_2O_2 分子中，氧的氧化数为 -1，为中间氧化态，因此，H_2O_2 既有氧化性，又有还原性。特别在酸性介质中，H_2O_2 是强氧化剂；当 H_2O_2 与某些强氧化性物质作用时，显示了其具有还原性，同时 H_2O_2 有其特殊的检验方法：
$$K_2Cr_2O_7 + H_2SO_4 + 4H_2O_2 = K_2SO_4 + 2CrO_5 + 5H_2O$$
生成蓝色的过氧化铬在水中不稳定，但在乙醚中可稳定存在。

$S_2O_3^{2-}$ 具有还原性和较强的配位作用，SO_3^{2-} 具有氧化性和还原性。

硝酸具有强氧化性、强酸性和不稳定性。

 仪器及试剂

（1）仪器：试管、烧杯、表面皿、药匙、胶头滴管、酒精灯、点滴板、试管架、试管夹、三脚架、石棉网。

（2）试剂：$NaNO_3(s)$，$Pb(NO_3)_2(s)$，$AgNO_3(s)$，硫黄粉，$FeSO_4 \cdot 7H_2O(s)$，Zn，碘水，1% 淀粉，奈氏试剂，乙醚，浓硝酸，浓硫酸，$6\ mol \cdot L^{-1}\ HNO_3$，$2\ mol \cdot L^{-1}\ HNO_3$，$6\ mol \cdot L^{-1}\ HCl$，$2\ mol \cdot L^{-1}\ HCl$，$2\ mol \cdot L^{-1}\ H_2SO_4$，$3\ mol \cdot L^{-1}\ H_2SO_4$，$2\ mol \cdot L^{-1}\ NaOH$，$2\ mol \cdot L^{-1}\ NH_3 \cdot H_2O$，$0.01\ mol \cdot L^{-1}\ KMnO_4$，3% H_2O_2，CCl_4，硝酸亚汞试纸，红色石蕊试纸，pH 试纸，$PbAc$ 试纸，$0.1\ mol \cdot L^{-1}$ 下列溶液：KI、$K_2Cr_2O_7$、$AgNO_3$、$Na_2S_2O_3$、Na_2S、$BaCl_2$、$NaNO_2$、$CaCl_2$、NH_4Cl、Na_3PO_4、Na_2HPO_4、NaH_2PO_4、KNO_3。

 实训内容

1. H_2O_2 的性质和检验

（1）H_2O_2 的氧化性。取试管一支，加入 $0.1\ mol \cdot L^{-1}\ KI$ 溶液 5 滴和 $3\ mol \cdot L^{-1}\ H_2SO_4$ 溶液 2 滴进行酸化，再加入 3% H_2O_2 溶液 3 滴，观察有何现象。然后加入 1% 淀粉溶液 2 滴，观察溶液颜色变化，加以解释并写出反应式。

（2）H_2O_2 的还原性。取试管一支，加入 $0.01\ mol \cdot L^{-1}\ KMnO_4$ 溶液 2 滴和 $3\ mol \cdot L^{-1}\ H_2SO_4$ 溶液 2 滴进行酸化，再逐滴加入 3% H_2O_2 溶液，边滴边振荡。观察溶液的颜色变化，加以解释并写出反应式。

（3）H_2O_2 的检验。取试管一支，加入蒸馏水约 2 mL、$0.1\ mol \cdot L^{-1}\ K_2Cr_2O_7$ 溶液 2

滴和 3 mol·L^{-1}H$_2$SO$_4$溶液 2 滴进行酸化,再加入乙醚约 1 mL,然后滴加 3% H$_2$O$_2$溶液 5 滴,充分振荡试管。静置,观察乙醚层颜色和水层颜色的变化及有无气体放出,写出反应式。

2. S^{2-}的还原性和鉴定

(1) S^{2-}的还原性。取试管一支,加入 0.01 mol·L^{-1}KMnO$_4$溶液 5 滴和 2 mol·L^{-1}H$_2$SO$_4$溶液 2 滴进行酸化,再加入 0.1 mol·L^{-1}Na$_2$S 溶液 10 滴,观察现象,写出反应式。

(2) S^{2-}的鉴定。在试管中加入 0.1 mol·L^{-1}Na$_2$S 溶液 5 滴,再加入 6 mol·L^{-1}HCl 溶液 5 滴,同时在试管口上悬以湿润的 Pb(Ac)$_2$试纸,观察现象,写出反应式。

3. S$_2$O$_3^{2-}$的性质和鉴定

(1) 与酸的反应。取试管一支,加入 0.1 mol·L^{-1}Na$_2$S$_2$O$_3$溶液 4 滴,然后逐滴加入 2 mol·L^{-1}HCl 溶液,同时用湿润的硝酸亚汞试纸接近试管口。观察现象,写出反应式。

(2) 还原性。取试管一支,加入碘水 5 滴,然后逐滴加入 0.1 mol·L^{-1} Na$_2$S$_2$O$_3$溶液,观察现象,写出反应式。

(3) S$_2$O$_3^{2-}$的配位反应。取试管一支,加入 0.1 mol·L^{-1}AgNO$_3$溶液 5 滴,然后逐滴加入 0.1 mol·L^{-1}Na$_2$S$_2$O$_3$溶液,边加边振荡,直至生成的沉淀完全溶解。观察现象,加以解释,写出反应式。

(4) S$_2$O$_3^{2-}$的鉴定。取试管一支,加入 0.1 mol·L^{-1} Na$_2$S$_2$O$_3$溶液 2 滴,再滴加 0.1 mol·L^{-1} AgNO$_3$溶液,直至产生白色沉淀,观察沉淀颜色的变化(白色→黄色→棕色→黑色),利用 Ag$_2$S$_2$O$_3$分解时颜色的变化可以鉴定 S$_2$O$_3^{2-}$的存在。

4. NO$_2^-$的性质和鉴定

(1) NO$_2^-$的氧化性。取试管一支,加入 0.1 mol·L^{-1}NaNO$_2$溶液 5 滴,然后加入 0.1 mol·L^{-1}KI 溶液,观察现象,再滴加 2 mol·L^{-1}H$_2$SO$_4$溶液 2 滴进行酸化,观察现象,并用 CCl$_4$验证有 I$_2$产生,写出反应方程式。

(2) NO$_2^-$的还原性。取试管一支,加入 0.01 mol·L^{-1}KMnO$_4$溶液 5 滴,再滴加 2 mol·L^{-1}H$_2$SO$_4$溶液 2 滴进行酸化,再逐滴加入 0.1 mol·L^{-1}NaNO$_2$溶液,边加边振荡,观察溶液颜色变化,写出反应方程式。

(3) NO$_2^-$的鉴定。取试管一支,加入 0.1 mol·L^{-1} NaNO$_2$溶液 10 滴于试管中,再滴加 2 mol·L^{-1}H$_2$SO$_4$溶液 2 滴进行酸化,再加入 2 粒硫酸亚铁晶体,观察溶液颜色变化。若溶液呈现棕色,证明有 NO$_2^-$存在。

5. 硝酸的氧化性

(1) 氧化非金属的反应。取试管一支,加入少许硫黄粉,再加入浓硝酸 10 滴,在通风橱内用酒精灯微热。待溶液冷却后,再滴入 0.1 mol·L^{-1}BaCl$_2$溶液 5 滴,观察现象,写出反应式。

(2) 氧化金属的反应。取三支试管,各放入锌粒 1 粒,然后在第一支试管中加入浓硝酸 5 滴,观察现象。在第二支试管中加入 6 mol·L^{-1}HNO$_3$溶液 10 滴,观察现象,然后在通风橱内用酒精灯微热试管,观察现象。在第三支试管中加入 2 mol·L^{-1}HNO$_3$溶液 1 mL,观察现象,然后在通风橱内用酒精灯加热试管,观察现象。待第三支试管中的溶液冷却后,加入 2 mol·L^{-1} NaOH 溶液,再加入奈氏试剂 4 滴,观察沉淀的颜色,写出上述过程的反应方程式,并比较不同浓度 HNO$_3$ 溶液氧化金属后得到的还原产物。

6. 气室法鉴别 NH$_4^+$

在一块较大的表面皿中加入 0.1 mol·L^{-1} NH$_4$Cl 溶液 5 滴,再加入 2 mol·L^{-1} NaOH 溶液 4 滴,混合均匀。再另取一块较小的表面皿,在其中心粘贴一条湿润的红色石蕊试纸,把较小的表面皿盖在大表面皿上做成气室,将气室放在水浴上微热 2~3 min,观察现象。

7. 硝酸盐的热分解和 NO$_3^-$ 的鉴定

(1) 硝酸盐的热分解。取干燥、洁净的试管三支,分别加入少量 NaNO$_3$、Pb(NO$_3$)$_2$ 和 AgNO$_3$ 固体,在酒精灯上加热,观察反应现象,检验产生的气体,写出反应式。

(2) NO$_3^-$ 的鉴定。取 0.1 mol·L^{-1} KNO$_3$ 溶液约 1 mL 于试管中,加入 1~2 粒 FeSO$_4$ 晶体,振荡,溶解后,将试管倾斜 45°,沿试管壁慢慢滴加 10 滴浓硫酸,观察浓硫酸与溶液交界面有无棕色环出现。

8. 磷的含氧酸盐

(1) 水溶液的酸碱性。在点滴板的三个小孔内,按顺序分别加入 2 滴 0.1 mol·L^{-1} Na$_3$PO$_4$、Na$_2$HPO$_4$、NaH$_2$PO$_4$ 溶液,用 pH 试纸测定它们的 pH,进行比较。

(2) 溶解性。取试管三支,在第一支试管中加入 0.1 mol·L^{-1} Na$_3$PO$_4$ 溶液 4 滴,在第二支试管中加入 0.1 mol·L^{-1} Na$_2$HPO$_4$ 溶液 4 滴,在第三支试管中加入 0.1 mol·L^{-1} NaH$_2$PO$_4$ 溶液 4 滴,然后向三支试管中各加入 0.1 mol·L^{-1} CaCl$_2$ 溶液 4 滴,充分振荡,观察反应现象。再向没有生成沉淀的试管中加入 2 mol·L^{-1} NH$_3$·H$_2$O,边滴边振荡,观察现象。最后向三支试管中各加入 2 mol·L^{-1} HCl 溶液数滴,边滴边振荡,观察沉淀是否溶解,写出反应式。

注意事项

(1) 操作中注意观察实训现象,并进行思考。

(2) 注意有刺激性、有毒气体的反应必须在通风橱内进行。

(3) 检验 NO$_3^-$ 时,滴加浓硫酸的过程中,不能振动试管,并注意浓硫酸的安全使用。

实训思考

(1) H$_2$S 溶液久置以后会有何变化?为什么?

(2) 在验证 Na$_2$S$_2$O$_3$ 还原性时,将其与碘水反应,能否加酸进行酸化?

(3) 如何区分三瓶没有标签的 Na$_3$PO$_4$、Na$_2$HPO$_4$、NaH$_2$PO$_4$ 溶液?

(4) AgNO$_3$ 溶液与 Na$_2$S$_2$O$_3$ 溶液反应,分析 Na$_2$S$_2$O$_3$ 溶液用量的多少与反应现象的关系。

实训 18　d 区元素的重要化合物的性质(铬、锰、铁、铜、银、锌、汞)

 实训目的

(1) 了解铬、锰、铁、铜、银、锌、汞的重要化合物的性质。
(2) 掌握铬、锰、铁、铜、银、锌、汞的离子鉴别方法。
(3) 掌握铬、锰、铁、铜、银、锌、汞氧化还原性的变化规律及配位反应。
(4) 练习离心分离的操作。

 预习要求

(1) 熟悉本实训所需仪器和试剂。
(2) 了解铬、锰、铁、铜、锌、汞各种氧化态的颜色与反应。
(3) 了解铬、锰、铁、铜、汞不同氧化态的氧化性和还原性的区别。

 参考学时

3 学时。

 实训原理

铬、锰、铁、铜、银、锌、汞为元素周期表中第 ⅥB、ⅦB、Ⅷ、ⅠB、ⅡB 族过渡系元素,它们一般有可变的氧化数。高氧化态的常作为氧化剂,低氧化态的常作为还原剂。在不同的酸碱性反应介质中反应时,其氧化、还原产物不同。

碱性溶液中的 +3 价铬,易被强氧化剂(如 H_2O_2)等氧化为黄色的铬酸盐。即

$$2[Cr(OH)_4]^- + 3H_2O_2 + 2OH^- \!=\!=\!= 2CrO_4^{2-} + 8H_2O$$

铬酸盐和重铬酸盐中的铬,其氧化数均为 +6,它们在水溶液中存在着下列平衡:

$$2CrO_4^{2-} + 2H^+ \rightleftharpoons Cr_2O_7^{2-} + H_2O$$

上述平衡在酸性介质中向右移动,在碱性介质中向左移动。

重铬酸盐是强氧化剂,易被还原成 +3 价铬。

+2 价锰在碱性介质中为白色氢氧化物,但在空气中易被氧化,逐渐变成棕色 MnO_2。

MnO_4^- 是强氧化剂,它的还原产物随介质的酸碱性不同而不同:在酸性介质中,被还原成 Mn^{2+},溶液为浅粉色,稀时近似为无色;在中性介质中,被还原成棕色沉淀 MnO_2;在碱性介质中,被还原成 MnO_4^{2-},溶液为绿色。

$$2MnO_4^- + SO_3^{2-} + 2OH^- \!=\!=\!= 2MnO_4^{2-} + SO_4^{2-} + H_2O$$
$$2MnO_4^- + 5SO_3^{2-} + 6H^+ \!=\!=\!= 2Mn^{2+} + 5SO_4^{2-} + 3H_2O$$
$$2MnO_4^- + 3SO_3^{2-} + H_2O \!=\!=\!= 2MnO_2 \!\downarrow + 3SO_4^{2-} + 2OH^-$$

Mn^{2+} 在硝酸溶液中,可以被 $NaBiO_3$ 氧化为紫红色的 MnO_4^-,这个反应常用来鉴别 Mn^{2+}。

$$5BiO_3^- + 2Mn^{2+} + 14H^+ \Longrightarrow 2MnO_4^- + 5Bi^{3+} + 7H_2O$$

+2 价和 +3 价的铁盐在溶液中易水解。+2 价铁离子是还原剂,而 +3 价铁离子是弱的氧化剂。$Fe(OH)_2$ 可在空气中氧化转变成红棕色的 $Fe(OH)_3$。

Cu^{2+} 具有氧化性,与 I^- 反应时,不是生成 CuI_2,而是生成白色的 CuI 沉淀。

$$2Cu^{2+} + 4I^- \Longrightarrow 2CuI\downarrow + I_2$$

在浓盐酸中,将 $CuCl_2$ 溶液与铜屑混合加热,可得泥黄色 $[CuCl_2]^-$ 配离子的溶液,将所得溶液稀释可得到白色的 $CuCl$ 沉淀。

$$Cu^{2+} + Cu + 4Cl^- \Longrightarrow 2[CuCl_2]^-$$
$$[CuCl_2]^- \Longrightarrow CuCl\downarrow + Cl^-$$

铬、锰、铁、铜、锌、汞元素的氢氧化物一般是两性氢氧化物,既能与酸反应,又能与碱反应。

Zn^{2+} 与碱作用生成 $Zn(OH)_2$ 白色沉淀,$Zn(OH)_2$ 具有两性,在 $NaOH$ 溶液中形成无色 $[Zn(OH)_4]^{2-}$ 配离子。

铬、锰、铁、铜、银、锌、汞的离子有很强的配位能力,其配合物一般具有颜色。

铁能生成很多配位化合物,其中常见的有亚铁氰化钾($K_4[Fe(CN)_6]$)和铁氰化钾($K_3[Fe(CN)_6]$);铜、锌的盐与氨水作用时,先生成沉淀,后溶解而生成其相应配合物;汞盐与碘化钾作用也可形成配合物等。

仪器及试剂

(1) 仪器:试管、离心试管、离心机、胶头滴管、酒精灯、试管架、试管夹。

(2) 试剂:3% H_2O_2,1% 淀粉,$NaBiO_3(s)$,$FeSO_4 \cdot 7H_2O$ 晶体,$KI(s)$,6 mol·L^{-1} $NaOH$,2 mol·L^{-1} $NaOH$,6 mol·L^{-1} $NH_3 \cdot H_2O$,2 mol·L^{-1} $NH_3 \cdot H_2O$,浓盐酸,6 mol·L^{-1} HCl,6 mol·L^{-1} HNO_3,2 mol·L^{-1} H_2SO_4,2 mol·L^{-1} HAc,0.01 mol·L^{-1} $KMnO_4$,淀粉-碘化钾试纸,0.1 mol·L^{-1} 下列溶液:$CrCl_3$、$Pb(NO_3)_2$、$K_2Cr_2O_7$、Na_2SO_3、$MnSO_4$、$K_3[Fe(CN)_6]$、$K_4[Fe(CN)_6]$、$FeCl_3$、$KSCN$、$CuSO_4$、$ZnSO_4$、$Hg(NO_3)_2$、$Hg_2(NO_3)_2$、KI、$AgNO_3$、$NaOH$。

实训内容

1. 铬的化合物

(1) 氢氧化铬的制备和性质。取两支试管,各加入 0.1 mol·L^{-1} $CrCl_3$ 溶液 4 滴,再分别滴加 2 mol·L^{-1} $NaOH$ 溶液,观察现象。然后向其中一支试管中滴加 6 mol·L^{-1} $NaOH$ 溶液,向另一支试管中加入 6 mol·L^{-1} HCl 溶液,边加边振荡,观察现象,写出反应式。

(2) Cr^{3+} 的还原性和鉴别。取一支试管,加入 0.1 mol·L^{-1} $CrCl_3$ 溶液 5 滴,再逐滴加入 6 mol·L^{-1} $NaOH$ 溶液,边滴边振摇,直至生成的沉淀完全溶解并过量 1~2 滴,然后滴加 3% H_2O_2 溶液 3 滴,加热,观察溶液颜色的变化,解释现象,并写出每一步反应方程式。

待试管冷却后,再将上述溶液用 2 mol·L^{-1} HAc 溶液进行酸化,然后滴加 0.1 mol·L^{-1} Pb(NO$_3$)$_2$ 溶液 2 滴,观察现象,写出反应方程式,此反应常用做 Cr^{3+} 的鉴定反应。

(3) Cr^{6+} 的氧化性。在试管中加入 0.1 mol·L^{-1} K$_2$Cr$_2$O$_7$ 溶液 4 滴,并加入 2 mol·L^{-1} H$_2$SO$_4$ 溶液 2 滴对溶液进行酸化,再逐滴加入 0.1 mol·L^{-1} Na$_2$SO$_3$ 溶液,边滴边振摇,观察溶液颜色的变化,写出反应方程式。

(4) CrO$_4^{2-}$ 和 Cr$_2$O$_7^{2-}$ 之间的相互转化。取一支试管,加入 0.1 mol·L^{-1} K$_2$Cr$_2$O$_7$ 溶液 5 滴,然后滴入 2 mol·L^{-1} NaOH 溶液 4 滴,观察溶液颜色变化。再改为滴加 2 mol·L^{-1} H$_2$SO$_4$ 溶液进行酸化,观察溶液颜色变化,解释现象,并写出反应方程式。

2. 锰的化合物

(1) Mn(OH)$_2$ 的制备和性质。取一支试管,加入 0.1 mol·L^{-1} MnSO$_4$ 溶液 5 滴,然后逐滴加入 2 mol·L^{-1} NaOH 溶液,直至沉淀完全。将上述沉淀分装在两支试管中,在第一支试管中滴加 6 mol·L^{-1} HCl 溶液,边滴边振摇,观察沉淀的变化;将第二支试管露置在空气中,振荡,观察沉淀颜色的变化,解释现象。

(2) MnO$_2$ 的生成和氧化性。取离心试管一支,加入 0.01 mol·L^{-1} KMnO$_4$ 溶液 10 滴,再逐滴加入 0.1 mol·L^{-1} MnSO$_4$ 溶液,观察棕色 MnO$_2$ 沉淀的生成,写出反应方程式。将上述沉淀离心后弃去上层清液,加入浓盐酸 10 滴,微热,用润湿的淀粉-碘化钾试纸在试管口检验氯气的生成,写出反应方程式。

(3) MnO$_4^-$ 的还原产物与反应介质酸碱性的关系。取三支试管,各滴加 0.01 mol·L^{-1} KMnO$_4$ 溶液 4 滴,分别在第一支试管中滴加 2 mol·L^{-1} H$_2$SO$_4$ 溶液 2 滴,在第二支试管中滴加蒸馏水 2 滴,在第三支试管中滴加 2 mol·L^{-1} NaOH 溶液 2 滴,然后再向三支试管中各滴加 0.1 mol·L^{-1} Na$_2$SO$_3$ 溶液 8~10 滴,观察并解释各试管中所发生的现象,写出反应方程式。

(4) Mn^{2+} 的鉴定。取一支试管,加入 0.1 mol·L^{-1} MnSO$_4$ 溶液 2 滴和蒸馏水 10 滴,再加入 6 mol·L^{-1} HNO$_3$ 溶液 10 滴,然后加入少量 NaBiO$_3$ 固体,微热,振荡,静置。观察试管中溶液颜色的变化。

3. 铁的化合物

(1) Fe(OH)$_2$ 的制备和还原性。取试管一支,加入蒸馏水 2 mL,煮沸片刻,向其中溶解几粒 FeSO$_4$·7H$_2$O 晶体配成 FeSO$_4$ 溶液,然后滴加 2 mol·L^{-1} NaOH 溶液 4 滴,观察试管中沉淀的现象。将试管中的沉淀放置于空气中一段时间,观察试管中沉淀的颜色变化,写出反应方程式。

(2) Fe^{2+} 和 Fe^{3+} 的特性反应。取试管一支,加入新配制的 FeSO$_4$ 溶液约 1 mL,滴加 5 滴 0.1 mol·L^{-1} K$_3$[Fe(CN)$_6$] 溶液,观察现象。另取试管一支,滴加 0.1 mol·L^{-1} FeCl$_3$ 溶液 5 滴,再加几滴 0.1 mol·L^{-1} K$_4$[Fe(CN)$_6$] 溶液,观察现象,写出反应式。再取两支试管,分别加入新配制的 FeSO$_4$ 溶液 5 滴和 0.1 mol·L^{-1} FeCl$_3$ 溶液 5 滴,然后向两支试管各加入 0.1 mol·L^{-1} KSCN 溶液几滴,观察、比较两支试管中溶液颜色的变化,加以解释,写出反应式。

(3) 铁的配合物的稳定性。另取两支试管,分别加入 2 滴 0.1 mol·L^{-1} K$_4$[Fe(CN)$_6$]

90

溶液和 0.1 mol·L^{-1} K$_3$[Fe(CN)$_6$]溶液,然后向两支试管各加入 0.1 mol·L^{-1} NaOH 溶液 2 滴,观察是否有沉淀产生。

4.铜的化合物

(1) Cu(OH)$_2$ 的制备和性质。取试管一支,加入 0.1 mol·L^{-1} CuSO$_4$ 溶液 10 滴和 2 mol·L^{-1} NaOH 溶液 2 滴,观察所得沉淀的颜色和形状。然后将沉淀分为两份,分别加入 2 mol·L^{-1} H$_2$SO$_4$ 溶液和 6 mol·L^{-1} NaOH 溶液,边加边充分振荡试管,解释现象,写出反应式。

(2) [Cu(NH$_3$)$_4$]$^{2+}$ 的生成。取离心试管一支,加入 0.1 mol·L^{-1} CuSO$_4$ 溶液 10 滴和 2 mol·L^{-1} NaOH 溶液 2 滴,制备少量 Cu(OH)$_2$ 沉淀,离心分离沉淀,弃去清液,再加入 6 mol·L^{-1} NH$_3$·H$_2$O,边加边充分振荡,观察现象,写出反应式。

(3) Cu^{2+} 的氧化性。取离心试管一支,加入 0.1 mol·L^{-1} CuSO$_4$ 溶液 5 滴,然后加入 0.1 mol·L^{-1} KI 溶液 10 滴,观察现象。离心分离沉淀,将上层清液转移至另一支试管,滴加 1% 淀粉溶液 1 滴,观察溶液的颜色变化。洗涤沉淀,观察沉淀的颜色。写出相应的反应方程式。

(4) Cu^{2+} 的鉴定。取试管一支,滴入 0.1 mol·L^{-1} CuSO$_4$ 溶液 5 滴和 0.1 mol·L^{-1} K$_4$[Fe(CN)$_6$]溶液 5 滴,观察现象。若有红棕色沉淀生成,表示有 Cu^{2+} 存在。

5.银的化合物

AgOH 的制备和不稳定性:取试管一支,滴入 0.1 mol·L^{-1} AgNO$_3$ 溶液 5 滴和 2 mol·L^{-1} NaOH 溶液 5 滴,观察所得沉淀颜色的变化,写出相应的反应方程式。

6.锌的化合物

(1) Zn(OH)$_2$ 的制备和性质。取试管一支,加入 0.1 mol·L^{-1} ZnSO$_4$ 溶液 10 滴和 2 mol·L^{-1} NaOH 溶液 2 滴,观察所得沉淀的颜色和形状。然后将沉淀分为两份,分别加入 2 mol·L^{-1} H$_2$SO$_4$ 溶液和 6 mol·L^{-1} NaOH 溶液,边加边充分振荡试管,解释现象,写出反应式。

(2) [Zn(NH$_3$)$_4$]$^{2+}$ 的生成。取试管一支,加入 0.1 mol·L^{-1} ZnSO$_4$ 溶液 5 滴,然后逐滴加入 2 mol·L^{-1} NH$_3$·H$_2$O,边加边充分振荡试管,观察现象,解释原因,写出反应方程式。

7.汞的化合物

(1) Hg(OH)$_2$ 的制备和性质。取试管两支,分别加入 0.1 mol·L^{-1} Hg(NO$_3$)$_2$ 溶液和 0.1 mol·L^{-1} Hg$_2$(NO$_3$)$_2$ 溶液各 5 滴,然后各滴加 2 mol·L^{-1} NaOH 溶液 4 滴,观察沉淀的颜色差别。写出反应方程式。

(2) Hg^{2+} 和 Hg$_2^{2+}$ 的区别。取试管两支,分别加入 0.1 mol·L^{-1} Hg(NO$_3$)$_2$ 溶液和 0.1 mol·L^{-1} Hg$_2$(NO$_3$)$_2$ 溶液各 5 滴,再各滴加 0.1 mol·L^{-1} KI 溶液 2 滴,观察沉淀的颜色差别。然后再向两支试管中分别加入少量的固体 KI,振荡试管,观察现象,加以解释,写出反应方程式。

注意事项

(1) 对有毒物质,实训室要回收和处理,如 Hg(Ⅱ)等会造成环境的污染。

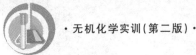

（2）试剂瓶的胶头滴管不能张冠李戴。

（3）遵守离心分离的安全操作规程。

 实训思考

（1）总结铬、锰的各种氧化数的氧化态之间相互转化的条件,注明反应介质的酸碱性与产物的关系,何者是氧化剂,何者是还原剂。

（2）如何用实训方法区别：Hg^{2+} 和 Hg_2^{2+}、Fe^{2+} 和 Fe^{3+}、Cu^{2+} 和 Zn^{2+}?

（3）制备 $Fe(OH)_2$ 沉淀时,为什么 $FeSO_4$ 溶液和 $NaOH$ 溶液必须煮沸?

（4）在 $AgNO_3$ 中加入 $NaOH$,为什么得不到 $AgOH$?

（5）铬、锰、铁、铜、锌、汞等及其化合物在工业、农业、医药等方面有哪些用途?

项目五　研究设计性实训

 实训 19　碘盐的制备与检测

 实训目的

（1）掌握碘盐的制备与检测方法。

（2）巩固重结晶、减压过滤、分光光度计使用等基本操作。

（3）回顾实训 5 氯化钠的提纯方法,理解分光光度法测定碘盐中碘酸钾含量的原理。

 预习要求

（1）理清实训原理,设计操作流程、实训报告。

（2）熟悉相关仪器的基本操作和试剂的配制方法,并提前准备有关试剂。

（3）制备碘盐时,加入何种碘剂? 为什么?

（4）斟酌"实训思考"中的几个问题。

（5）了解 722S 型分光光度计的结构,熟悉其操作规范(见任务 18)。

 参考学时

4 学时。

 实训原理

1. 加碘盐的碘剂——碘酸钾

国际上制备碘盐主要采用在食盐中添加碘化钾(KI)或碘酸钾(KIO_3)碘剂。我国采

用添加 KIO_3 的方法制备食用碘盐,主要原因在于 KIO_3 具有无臭、无味,可溶于水,常温下不易挥发、不易吸水,化学性质较稳定,防病效果良好等优点,而 KI 存在味苦、易挥发、易潮解、见光易分解等不足之处。

KIO_3 是白色结晶粉末,不溶于乙醇和液氨,含碘量为 59.3%,医疗上可作为防治地方甲状腺肿病的加碘剂或药剂,治疗剂量 <60 mg/kg。KIO_3 常温下较稳定,加热至 560℃ 开始分解:

$$2KIO_3 \xrightarrow{\triangle} 2KI + 3O_2 \uparrow$$

或

$$12KIO_3 + 6H_2O \xrightarrow{\triangle} 6I_2 + 12KOH + 15O_2 \uparrow$$

在酸性介质中,KIO_3 是较强的氧化剂,其标准电极电势较高:

$$2IO_3^- + 12H^+ + 10e^- === I_2 + 6H_2O \qquad \varphi^\ominus = 1.20 \text{ V}$$

因此,在酸性环境中,KIO_3 遇到还原剂(如 Fe^{2+}、$C_2O_4^{2-}$、SO_2 等)容易发生反应而析出单质碘。

2. 碘盐的检测

检测食盐的含碘情况常采用在酸性介质中加入 KSCN 或 NH_4SCN 的方法,反应式如下:

$$6IO_3^- + 5SCN^- + H^+ + 2H_2O === 3I_2 + 5HCN + 5SO_4^{2-}$$

用 1% 淀粉溶液作显色剂,可半定量检测 KIO_3 含量,也可定量测定。

 仪器及试剂

(1) 仪器:台秤、电炉、烧杯、量筒、试管、吸滤瓶、布氏漏斗、真空泵、石棉网、容量瓶、蒸发皿、坩埚、白瓷板、点滴板、玻璃棒、分光光度计、比色架、比色管、酒精灯、滤纸。

(2) 试剂:

① 粗食盐、食用加碘盐、饱和 $BaCl_2$ 溶液、饱和 $(NH_4)_2C_2O_4$ 溶液、无水酒精、2 mol·L^{-1} HAc、2 mol·L^{-1} $H_2C_2O_4$、0.1 mol·L^{-1} H_2SO_4、铬黑 T、$NH_3·H_2O-NH_4Cl$ 缓冲溶液、稀盐酸。

② 含碘量约 0.2 g·L^{-1} 的碘酸钾(KIO_3)标准液:配制 100 mL,称取 KIO_3(GR)的质量约为 0.2 g·L^{-1}×0.1 L÷59.3% = 0.0337 g。

③ 含碘量约 0.5 g·L^{-1} 的碘酸钾(KIO_3)标准液:配制 1000 mL,称取 100℃下烘 3 h 的 KIO_3(GR)的质量约为 0.5 g·L^{-1}×1 L÷59.3% = 0.8347 g。

④ 含碘量分别约为 10 mg·kg^{-1}、20 mg·kg^{-1}、30 mg·kg^{-1}、40 mg·kg^{-1} 和 50 mg·kg^{-1} 的标准碘盐:取 5 个 100 mL 洁净烧杯,分别加入在 500℃ 下烘 2 h 的无碘精盐 10 g,各加入 0.2 g·L^{-1} 的 KIO_3 标准液 0.5 mL、1.0 mL、1.5 mL、2.0 mL、2.5 mL,搅匀后,在 100℃ 下烘 2 h,冷却研细后,放入棕色试剂瓶中保存。

⑤ 检测试剂:取 400 mL 1% 淀粉指示剂、7 g KSCN 晶体和 4 mL 85% H_3PO_4,混合制得。

⑥ 碘化钾-淀粉试液:取 2.5 g 可溶性淀粉,用少许蒸馏水调和后倾入 500 mL 沸水中,搅拌煮沸至澄清,冷却后加入 2.5 g KI,完全溶解后用约 2 mL 0.2 mol·L^{-1} NaOH

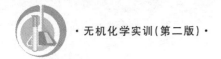
溶液调节 pH 至 8~9。此溶液在使用 2 周前配制,25 ℃下存放备用。

 实训内容

1. 粗盐重结晶制精盐

用台秤称取粗盐 15 g,放入 150 mL 烧杯中,加 50 mL 自来水,边搅拌边加热。粗盐全部溶解后,趁热减压过滤。把所得滤液倒入洁净的 150 mL 烧杯中,继续边搅拌边加热,当溶液浓缩到原体积的约一半时停止加热。稍冷却后减压过滤,所得母液倒回原烧杯中供分析用,所得精盐产品转移到干净的蒸发皿中,加热烘干,冷却后称其质量,计算产率。

2. 精盐加碘制碘盐

用台秤称取 5 g 自制精盐,放入洁净、干燥的坩埚中,并逐滴加入 1 mL 0.2 g・L^{-1} KIO_3 标准液,搅拌均匀,在 100 ℃下烘 1 h(或加入 3 mL 酒精搅匀后,将坩埚放在白瓷板上,点燃酒精),冷却,即得加碘盐。计算碘盐的碘浓度($mg・kg^{-1}$)。

3. 重结晶质量检验

取约 0.5 g 自制精盐,加约 10 mL 去离子水,配成精盐检验液。对重结晶母液和自制精盐检验液按图 2-16 所示作定性检验。

1) Ca^{2+} 检验

各取 1 mL 试液,分别加入 5 滴饱和 $(NH_4)_2C_2O_4$ 溶液,过 2~3 min,对比观察是否有 CaC_2O_4 白色沉淀产生。

2) Mg^{2+} 检验

各取 1 mL 试液,分别加入 1 滴 $NH_3・H_2O$-NH_4Cl 缓冲溶液(pH 为多少?)和 1~2 滴铬黑 T 指示剂(铬黑 T 的最适宜 pH 为 9~10.5),对比观察溶液颜色。若有 Mg^{2+} 存在,显红色;否则,显蓝色。

3) SO_4^{2-} 检验

各取 1 mL 试液,先加入过量稀盐酸,静置后取上层清液,再加入 $BaCl_2$ 溶液。若有沉淀产生,证明有 SO_4^{2-}。

4. 半定量分析法测定碘盐的碘浓度

(1) 含碘标准色板的制备:各取 1 g 含碘量分别为 10 $mg・kg^{-1}$、20 $mg・kg^{-1}$、30 $mg・kg^{-1}$、40 $mg・kg^{-1}$、50 $mg・kg^{-1}$ 的碘盐,分别放入多孔点滴板的孔中,压实后,各加入 2 滴检测试剂,制成标准色板。

(2) 按图 2-17 所示,各取 1 g 自制精盐、自制碘盐和市售食用加碘盐,分别放入多孔点滴板的孔中,压实后,各加入 2 滴检测试剂,显色后约 30 s,用目视比色法确定这 3 种盐的碘浓度。计算自制碘盐的理论碘浓度,并与实训值比较,分析产生差别的原因。

5. 碘盐中碘剂(KIO_3)含量的定量测定

1) 标准曲线的制作

(1) 用 0.5 g・L^{-1} KIO_3 的标准液配制 50 mL 0.01 g・L^{-1} KIO_3 的工作液。

(2) 取 1.0 mL、2.0 mL、3.0 mL、4.0 mL、5.0 mL 0.01 g・L^{-1} KIO_3 的工作液分别

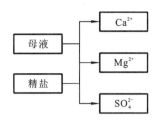

图 2-16 重结晶质量检验

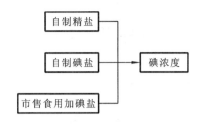

图 2-17 碘盐含碘量检验

放入 50 mL 比色管中,然后分别加入 3.0 mL 0.1 mol·L^{-1} H$_2$SO$_4$ 溶液,摇匀,再分别加 2 mL 碘化钾-淀粉试液,静置 2 min 后,稀释至 50 mL。分别取上述工作液于 1 cm 比色皿中,用分光光度计测定 595 nm 波长处溶液的吸光度(用水作参比溶液)。

2)试样的制备及测定

取 10 g 碘盐,用 25～30 mL 水溶解后转移至 50 mL 比色管中,然后加 H$_2$SO$_4$ 溶液、碘化钾-淀粉试液(方法同标准曲线制作)。测定其吸光度,计算碘盐中碘剂量。

6. 影响碘盐稳定性的因素

取三支干燥试管,分别加入 1 g 自制碘盐。然后向一支试管中加入 1 滴 2 mol·L^{-1} HAc 溶液,向另一支试管中加入 2 mol·L^{-1} HAc 溶液和 2 mol·L^{-1} H$_2$C$_2$O$_4$ 溶液各 1 滴。再用酒精灯分别加热至干,取出样品,按图 2-18 所示用半定量分析法测定碘盐。

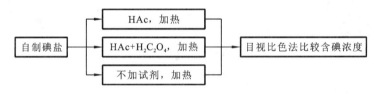

图 2-18 碘盐稳定性检验

 注意事项

(1) 进行 Mg^{2+} 检验时,在加入铬黑 T 指示剂之前,须先滴加 1 滴 pH 约为 10 的 NH$_3$·H$_2$O-NH$_4$Cl 缓冲溶液,因为铬黑 T 的最适宜 pH 为 9～10.5。

(2) 标准曲线的制作和样品的制备要在相同条件下进行,因为碘-淀粉蓝色溶液的吸光度随温度的变化而变化,温度升高,吸光度降低,反之,吸光度增加。

 实训思考

(1) 食盐加碘时,为什么碘剂不直接在精盐制取过程中加入,而是加在成品精盐中?

(2) 炒菜时放入含碘盐,应先放、中间放,还是最后放?

(3) 用铬黑 T 作为指示剂检验食盐溶液中 Mg^{2+} 时,为什么选用的缓冲溶液一般要用 NH$_3$·H$_2$O-NH$_4$Cl 缓冲溶液?

实训 20 明矾的制备

实训目的

(1) 掌握利用废铝制备明矾的方法。

(2) 学会利用溶解度概念进行实践操作。

(3) 理解从溶液中培养晶体的原理和方法。

预习要求

实训前应明确实训原理,将实训用品仔细检查一遍。将时间安排好,小组成员做好分工,以免冲突,使实训失败。设计好实训过程和报告格式。

参考学时

4 学时。

实训原理

1. 明矾的制备

将废铝溶于 1.5 mol·L^{-1}KOH 溶液,制得 KAlO$_2$。

$$2Al+2KOH+2H_2O \longrightarrow 2KAlO_2+3H_2 \uparrow$$

向 KAlO$_2$溶液中加入一定量的 H$_2$SO$_4$溶液,较低温度(如室温)下可生成复盐——明矾(KAl(SO$_4$)$_2$·12H$_2$O),反应式为

$$KAlO_2+2H_2SO_4+10H_2O \longrightarrow KAl(SO_4)_2·12H_2O \downarrow$$

不同温度下明矾、硫酸铝、硫酸钾的溶解度如表 2-11 所示。

表 2-11 不同温度下明矾、硫酸铝、硫酸钾的溶解度

物 质	溶解度/[g·(100 g (H$_2$O))$^{-1}$]							
	273 K	283 K	293 K	303 K	313 K	333 K	353 K	363 K
KAl(SO$_4$)$_2$·12H$_2$O	3.00	3.99	5.90	8.39	11.7	24.8	71.0	109
Al$_2$(SO$_4$)$_3$	31.2	33.5	36.4	40.4	45.8	59.2	73.0	80.8
K$_2$SO$_4$	7.4	9.3	11.1	13.0	14.8	18.2	21.4	22.9

2. 单晶的培养

要使晶体从溶液中析出,其中一种方法是保持浓度一定,降低温度的冷却法,另一种方法是保持温度一定,增大浓度的蒸发法。用这些方法使溶液进入过饱和状态,一般就有晶核产生和成长。但有些物质,在一定条件下,虽处于这个状态,溶液中并不析出晶体,而成为过饱和溶液。可是过饱和度是有界限的,一旦达到某种界限,稍加震动就会有新的、较多的晶体析出。要使晶体成长较大,就应当使溶液处于过饱和状态,让晶体慢慢地成

长,而不使细小的晶体析出。

3. 制备工艺路线

废铝→溶解→过滤→酸化→浓缩→结晶→分离 $\xrightarrow{\text{明矾}}$ 单晶培养→明矾单晶

 仪器及试剂

(1) 仪器:烧杯、漏斗、铁架台(带铁圈)、布氏漏斗、吸滤瓶、真空泵、表面皿、玻璃棒、台秤、电加热套。

(2) 试剂:废铝(可用铝质牙膏袋、铝合金罐头盒、铝导线等)、1.5 $mol \cdot L^{-1}$ KOH、9.0 $mol \cdot L^{-1}$ H_2SO_4、涤纶线。

 实训内容

1. $KAl(SO_4)_2 \cdot 12H_2O$ 的制备

取 50 mL 1.5 $mol \cdot L^{-1}$ KOH 溶液于 100 mL 烧杯中,分多次加入 2 g 废铝(反应激烈,防止溅入眼内),并盖上表面皿,反应完毕后用布氏漏斗抽滤,取清液稀释到 100 mL,在不断搅拌下,滴加 9.0 $mol \cdot L^{-1}$ H_2SO_4 溶液(按化学反应式计量约滴加 17 mL)。加热使产生的沉淀完全溶解,并适当浓缩溶液(可使体积缩小约 1/4),然后用自来水冷却结晶,抽滤,所得晶体即为 $KAl(SO_4)_2 \cdot 12H_2O$,称重,记为 m。

2. 计算产率

溶液中发生如下反应:

$$2Al + 2KOH + 2H_2O == 2KAlO_2 + 3H_2 \uparrow$$
$$KAlO_2 + 2H_2SO_4 + 10H_2O == KAl(SO_4)_2 \cdot 12H_2O \downarrow$$

按反应式有 $\qquad$ Al ~ $KAl(SO_4)_2 \cdot 12H_2O$

$\qquad$ 27 g $\qquad$ 474.3 g

$\qquad$ 2 g $\qquad$ $m_{理论}$

$$m_{理论} = \frac{2 \times 474.3}{27} g = 35.1 g$$

故 $KAl(SO_4)_2 \cdot 12H_2O$ 的产率为 $\dfrac{m}{35.1\ g} \times 100\%$。

3. 明矾单晶的培养(本实训经教师同意,可课下操作)

$KAl(SO_4)_2 \cdot 12H_2O$ 晶形为正八面体。为获得棱角完整、透明的单晶,应让籽晶(晶种)有足够的时间长大,而籽晶能够成长的前提是溶液的浓度处于适当过饱和的准稳定状态。本实训通过将室温下的饱和溶液在室温下静置,依靠溶剂的自然挥发来创造溶液的准稳定状态,人工投放晶种让之逐渐长成单晶。

1) 籽晶的生长和选择

根据 $KAl(SO_4)_2 \cdot 12H_2O$ 的溶解度,称取 10 g 明矾,加入适量的水,加热溶解。然后放在不易震动的地方,烧杯口上架一根玻璃棒,盖一张滤纸,以免灰尘落下。放置数天,杯底会有小晶体析出,从中挑选出晶形完善的籽晶待用,滤液保留待用。

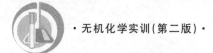
2)晶体的生长

以涤纶线把籽晶系好,剪去余头,缠在玻璃棒上,悬吊在已过滤的饱和溶液中,观察晶体的缓慢生长。数天后,可得到棱角完整、齐全、晶莹透明的大块晶体。

在晶体生长过程中,应经常观察,若发现籽晶上又长出小晶体,应及时去掉。若杯底有晶体析出也应及时滤去,以免影响晶体生长。

 注意事项

(1)废铝溶解时应防止液体溅出。

(2)籽晶的选择要准确。

(3)晶体生长时要注意观察,以免失败。

 实训思考

(1)复盐的性质和简单盐有什么不同?

(2)如何把籽晶植入饱和溶液?

(3)若在饱和溶液中,籽晶长出一些小晶体或烧杯底部出现少量晶体,对大晶体的培养有何影响?应如何处理?

(4)总结经过本实训,个人的最大收获是什么。

(5)对各组产品的质量和产率进行评价。

 实训 21 铬黄颜料的制备

 实训目的

(1)掌握铬酸铅的制备原理与方法。

(2)通过制备铬酸铅,了解铬的高价化合物与低价化合物的性质。

(3)进一步熟练掌握称量、沉淀、过滤、洗涤等基本操作。

 实训原理

铬黄颜料主要成分是铬酸铅,随原料配比和制备条件的不同,颜色可由浅黄到深黄,一般有柠檬铬黄、浅铬黄、中铬黄、深铬黄和橘铬黄等五种。

用硝酸铬制备铬黄颜料,原理如下:首先利用 $Cr(Ⅲ)$ 化合物在碱性条件下易被氧化为 $Cr(Ⅵ)$ 化合物这一性质,先向 $Cr(NO_3)_3$ 溶液中加入过量的 $NaOH$ 溶液,再加入 H_2O_2 溶液进行氧化,即得 CrO_4^{2-} 溶液。

$$Cr^{3+}+4OH^-(过量)\Longrightarrow CrO_2^-+2H_2O$$
$$2CrO_2^-+3H_2O_2+2OH^-\Longrightarrow 2CrO_4^{2-}+4H_2O$$

CrO_4^{2-} 和 $Cr_2O_7^{2-}$ 在水溶液中存在如下平衡:

$$2CrO_4^{2-} + 2H^+ \rightleftharpoons Cr_2O_7^{2-} + H_2O$$

由于铬酸铅的溶解度比重铬酸铅的小得多,因此在酸性条件下,向上述平衡系统中加入硝酸铬溶液,便可生成难溶的黄色铬酸铅沉淀即铬黄颜料。

 实训内容

(1) 设计合理的制备路线。

(2) 选择合适的实训条件和实训过程所需的仪器。

(3) 制备出纯净的铬酸铅($PbCrO_4$)晶体。

 实训 22　以废铝为原料制备氢氧化铝

 实训目的

(1) 理解以废铝为原料制备氢氧化铝的原理。

(2) 综合掌握无机化学实训相关基本操作,如减压过滤、沉淀洗涤等。

(3) 对学生进行废物综合利用的现场教育。

 预习要求

(1) 了解析出 $Al(OH)_3$ 沉淀过程中控制溶液的 pH 范围的方法。

(2) 了解欲得到纯净、松散的 $Al(OH)_3$ 沉淀,操作时的步骤。

(3) 掌握合成 $Al(OH)_3$ 时,检验沉淀是否完全的方法。

 参考学时

4 学时。

 实训原理

我国每年都有大量废弃的铝,如铝加工厂的铝屑、包装食品用的铝制易拉罐、铝质牙膏袋等,将其回收利用,并最大限度地增加其附加值,是当前的一个重大课题。本实训是利用大家身边的废铝资源来制备工业上有用的氢氧化铝。$Al(OH)_3$ 为白色、无定形粉末,无臭无味,可溶于酸和碱,不溶于水,用做分析试剂、媒染剂,也用于制药和铝盐制备。

人工合成的氢氧化铝因制备过程不同,其结构和含水量也不同,如 α-AlO(OH)、α-Al(OH)$_3$、γ-Al(OH)$_3$ 及无定形的 $Al_2O_3 \cdot xH_2O$。

本实训采用强碱溶解金属铝得到铝酸盐来制备氢氧化铝。首先对废铝进行表面处理,如除去铝表面的油漆、油脂等,并将其剪制成碎屑(以加快溶解),再将其溶于 NaOH 溶液,反应得到偏铝酸钠溶液,最后加入 NH_4HCO_3 溶液,反应得到 $Al(OH)_3$ 白色沉淀。其反应式如下:

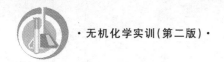

$$2Al+2NaOH+6H_2O \xlongequal{\quad\quad} 2Na[Al(OH)_4]+3H_2\uparrow$$

或

$$2Al+2NaOH+2H_2O \xlongequal{\quad\quad} 2NaAlO_2+3H_2\uparrow$$

$$2NaAlO_2+NH_4HCO_3+2H_2O \xlongequal{\triangle} Na_2CO_3+2Al(OH)_3\downarrow+NH_3\uparrow$$

提示:新制备的 $Al(OH)_3$ 长时间浸于水中将失去溶于酸和碱的能力,在温度高于 130 ℃时进行干燥也会出现类似变化。

 仪器及试剂

(1) 仪器:烧杯、布氏漏斗、吸滤瓶、恒温烘箱、酒精灯、表面皿、真空泵、石棉网、台秤。

(2) 试剂:铝屑、NaOH(s)、NH_4HCO_3(s)、pH 试纸。

 实训内容

1. 偏铝酸钠的制备

称取 1 g 已经处理好的铝屑,快速称取 2.2 g 固体 NaOH(超过理论用量约 50%),置于 250 mL 烧杯中,加入 50 mL 蒸馏水溶解,加热,并分次地加入 1 g 铝屑,反应开始后即停止加热,并以加铝屑的快慢、多少来控制反应速率(反应激烈,用表面皿作盖,防止碱液溅出伤人)。反应至不再有气体产生后,用布氏漏斗减压过滤,将滤液转入 250 mL 烧杯中。用少量水淋洗反应烧杯一次,淋洗液一并转入盛滤液的烧杯中。

2. 析出氢氧化铝

将上述偏铝酸钠溶液加热至沸,在不断搅拌下,将 75 mL 饱和 NH_4HCO_3 溶液以细流状加入其中(注意:饱和 NH_4HCO_3 溶液须用前配制),逐渐有沉淀生成,并将沉淀搅拌约 5 min(注意:整个过程需不停搅拌,停止加热后还需搅拌 2~3 min,以防溅出)。静置至澄清,检验沉淀是否完全(测清液的 pH 是否在 4.7~8.9 之间),待沉淀完全后,用布氏漏斗减压过滤。

3. 氢氧化铝的洗涤、干燥

将 $Al(OH)_3$ 沉淀转入 400 mL 烧杯中,加入约 150 mL 近沸的蒸馏水,在搅拌下加热 2~3 min,静置至澄清,倾出清液,重复上述操作两次。然后将沉淀移入布氏漏斗,减压过滤,并用 100 mL 近沸蒸馏水洗涤(此时滤液的 pH 为 7~8),抽干,将氢氧化铝移到干净的表面皿上,放入烘箱中,在 80 ℃下烘干。冷却后称重($m=m_{总}-m_{表面皿}$)。

4. 计算产率

$$Al \sim NaAlO_2 \sim Al(OH)_3$$

$$27\ g \qquad\qquad 78\ g$$

$$1\ g \qquad\qquad m_{Al(OH)_3}$$

$$m_{Al(OH)_3}=\frac{78\times1}{27}\ g=2.9\ g$$

故 $Al(OH)_3$ 的产率为 $\dfrac{m}{2.9\ g}\times100\%$。

注意事项

（1）饱和 NH_4HCO_3 溶液用前自行配制，将 15 g NH_4HCO_3 溶于 75 mL 水中。不同温度下的溶解度见表 2-12。

表 2-12　NH_4HCO_3 的溶解度

$t/℃$	0	10	20	30
溶解度/$[g \cdot (100\ g\ (H_2O))^{-1}]$	11.9	15.8	21	27

（2）加热偏铝酸钠溶液时，整个过程需不停搅拌，停止加热后还需搅拌 2～3 min，以防溅出。

 实训思考

（1）这次实训的哪些操作可以用在其他实训上？

（2）影响 $Al(OH)_3$ 产率的因素有哪些？

（3）通过这次实训，个人的最大收获是什么？

模块三

趣味实训

 ### 实训1　指纹鉴定

 实训目的

（1）了解指纹鉴定的原理。

（2）进一步掌握碘、硝酸银的基本性质。

（3）增强化学知识应用意识，激发实训兴趣。

预习要求

（1）用红色印泥拓一张自己的指纹（备用）。

（2）熟悉碘的性质。

（3）思考指纹鉴定有何实用价值。

 参考学时

2学时。

 实训原理

人的指纹是遗传与环境共同作用的结果，它与人体健康密切相关。指纹人人皆有，却各不相同，除形状不同之外，纹形的多少、长短也不同。指纹鉴定的方法很多，其中碘熏法是常用的方法之一。

碘（I_2）单质呈紫黑色，易升华，有毒，是活泼的非金属，易溶于乙醚、乙醇和其他有机溶剂。

每个人的手指上总含有油脂、矿物油等分泌物，它们都是有机物，用手指在纸面上摁的时候，指纹上的油脂、矿物油、汗水就会留在纸面上。当碘受热时，会升华变成紫色碘蒸气，碘蒸气遇到指纹残留的油脂等分泌物时发生反应，便会出现棕色的指纹印迹。

仪器及试剂

（1）仪器：试管、橡皮塞、药匙、酒精灯、剪刀、白纸、试管夹等。
（2）试剂：碘。

 实训内容

（1）取一张干净、光滑的白纸，剪成长约 4 cm、宽不超过试管直径的纸条，用手指（注意尽量用在实训前拓指印的手指）在纸条上用力摁几个指印。

（2）用药匙取芝麻粒大的一粒碘，放入试管中。把纸条悬于试管中（注意摁有指印的一面不要贴在管壁上），塞上橡皮塞。

（3）把装有碘的试管在酒精灯火焰上方微热一下，待产生碘蒸气后立即停止加热（注意碘蒸气有毒，不可吸入），观察纸条上的指纹印迹。

（4）当指纹印迹出现后，立即用手机拍照，将拍照的指纹图片与实训前拓印的指纹相互比对。

 注意事项

（1）碘蒸气有毒，所以取用碘的时候，应尽量在通风橱中操作。
（2）指纹印迹出现后，立即拍照或用化学方法固定。

 实训思考

（1）为什么不长时间加热装有碘的试管？
（2）能不能用硝酸银溶液代替碘？为什么？
（3）碘熏法显示的指纹不能长久保存，为什么？

 实训 2　铜变"银"、"银"变"金"

 实训目的

（1）了解原电池的工作原理。
（2）进一步熟悉金属锌、铜的化学性质。
（3）扩大视野，丰富课余生活。

 预习要求

（1）熟悉锌、铜的性质。
（2）铜币变为"银"币、"金"币后，币表面上各是什么金属？

参考学时

2 学时。

实训原理

将铜片与锌一起放入锌酸钠(Na_2ZnO_2)溶液中,就会组成铜、锌原电池,其中铜为原电池的正极,锌为原电池的负极。电极反应分别为

正极(铜片)　　　$2H^+ + 2e^- \longrightarrow H_2$　　$Zn^{2+} + 2e^- \longrightarrow Zn$

负极(锌粉)　　　$Zn - 2e^- \longrightarrow Zn^{2+}$

此时,铜片上就镀上了一层锌,表面就变成银白色。当镀有锌的铜片受热时,铜、锌原子各自离开原来的位置相互扩散,如有 30% 的锌原子渗入铜原子之间,铜片表面就形成金黄色的黄铜(银白色和紫红色的混合色)。

锌酸钠溶液的制取:将锌粉与氢氧化钠溶液混合加热,可发生下列反应:

$$Zn + 2NaOH \longrightarrow Na_2ZnO_2 + H_2 \uparrow$$

仪器及试剂

(1) 仪器:蒸发皿、三脚架、酒精灯、烧杯、镊子等。

(2) 试剂:铜币(或铜片、铜丝)、锌粉、30% NaOH。

实训内容

1. 铜币变"银"币

(1) 取 30% NaOH 溶液 50 mL,倒入蒸发皿中,再加入过量的锌粉(约一药匙),搅拌,使锌粉全部浸没后,用酒精灯加热。

(2) 取一块铜币(或铜片、铜丝),浸入溶液中,加热至沸腾。停止加热,静置片刻,观察现象。

(3) 当铜币的表面完全被锌覆盖后,取出,用水冲洗干净,铜币就变成了"银"币。

2. "银"币变成"金"币

(1) 用镊子夹持"银"币,放在酒精灯火焰上加热,观察现象。

(2) 当"银"币表面变成黄色时,立即离开火焰并将它放入盛有冷水的烧杯中冷却,过 3~5 min 后将它洗净、取出、擦干,"银"币变成了"金"币。

注意事项

在制作"金"币过程中,当"银"币表面变成黄色时,应立即停止加热,迅速用冷水冷却,否则会使铜继续氧化而失去黄色。

实训思考

在制取锌酸钠溶液时,锌粉为什么要过量?

实训3 魔棒点灯

实训目的

（1）进一步认识高锰酸钾的基本性质。

（2）通过实训操作，激发学习兴趣，拓宽知识面。

预习要求

（1）熟悉高锰酸钾、浓硫酸的基本性质。

（2）思考燃烧的条件。

参考学时

2学时。

实训原理

浓硫酸与高锰酸钾可以发生下列化学反应：

$$H_2SO_4（浓）+2KMnO_4 = K_2SO_4+Mn_2O_7+H_2O$$

反应生成的七氧化二锰（Mn_2O_7）又称高锰酸酐，是墨绿色油状液体，熔点为5.9 ℃，氧化性很强，能使易燃物（如乙醇）氧化放出大量热，并产生燃烧现象，其本身被还原为二氧化锰（MnO_2）。

本实训利用高锰酸酐的强氧化性将酒精灯灯芯里的乙醇氧化，放出的热使灯芯里乙醇的温度达到乙醇的着火点而使乙醇燃烧。

仪器及试剂

（1）仪器：酒精灯、表面皿、玻璃棒、药匙。

（2）试剂：$KMnO_4(s)$、浓硫酸。

实训内容

（1）取少量 $KMnO_4$ 粉末放在表面皿上，再向 $KMnO_4$ 上滴加2～3滴浓硫酸，混合均匀，呈糊状，观察糊状物的颜色。

（2）取下酒精灯灯帽，然后用玻璃棒蘸取糊状物触及灯芯，观察现象。用此法连续操作几次。

注意事项

（1）$KMnO_4$ 与浓硫酸要临时混合。用量要少些，用后残留物要及时清洗掉。

（2）酒精灯灯芯要剪平、拉松。

实训思考

利用本实训中着火的原理,再设计 1~2 个趣味实训。

实训 4　喷雾作画

实训目的

（1）通过实训操作,激发学习兴趣。
（2）进一步巩固 $FeCl_3$ 的基本性质。

预习要求

熟悉铁盐、铁的配合物的性质。

参考学时

2 学时。

实训原理

氯化铁($FeCl_3$)溶液与不同物质反应,生成物的颜色不同。

$$FeCl_3 + KSCN = \underset{(红色)}{[Fe(SCN)]Cl_2} + KCl$$

$$FeCl_3 + 3AgNO_3 = \underset{(乳白色)}{3AgCl\downarrow} + Fe(NO_3)_3$$

$$FeCl_3 + 6C_6H_5OH = \underset{(紫色)}{H_3[Fe(C_6H_5O)_6]} + 3HCl$$

$$FeCl_3 + 3CH_3COONa = \underset{(褐色)}{Fe(CH_3COO)_3} + 3NaCl$$

$$2FeCl_3 + Na_2S = 2FeCl_2 + 2NaCl + \underset{(乳黄色)}{S\downarrow}$$

$$4FeCl_3 + 3K_4[Fe(CN)_6] = \underset{(蓝色)}{Fe_4[Fe(CN)_6]_3} + 12KCl$$

$$FeCl_3 + 3NaOH = \underset{(红棕色)}{Fe(OH)_3\downarrow} + 3NaCl$$

此外,$FeCl_3$ 溶液喷在白纸上显黄色,遇铁氰化钾($K_3[Fe(CN)_6]$)溶液显绿色。

本实训利用 $FeCl_3$ 与上述物质发生反应后的颜色变化,达到呈现画卷预先设计的效果。

仪器及试剂

（1）仪器:白纸、毛笔、喷雾器、木架、大头钉。
（2）试剂:10%$FeCl_3$、5% KSCN、1 mol·L^{-1} $K_4[Fe(CN)_6]$、$K_3[Fe(CN)_6]$浓溶液、

苯酚溶液、3％ $AgNO_3$、饱和 CH_3COONa 溶液、40％NaOH、Na_2S 浓溶液。

 实训内容

（1）用毛笔分别蘸取 5％ KSCN 溶液、1 mol·L^{-1} $K_4[Fe(CN)_6]$ 溶液、$K_3[Fe(CN)_6]$ 浓溶液、苯酚溶液、3％ $AgNO_3$ 溶液、CH_3COONa 浓溶液、40％ NaOH 溶液、Na_2S 浓溶液在白纸上绘画。

（2）把纸晾干，用大头钉钉在木架上。

（3）用装有 10％ $FeCl_3$ 溶液的喷雾器在绘有图画的白纸上喷 $FeCl_3$ 溶液，观察颜色的变化。

（4）根据 $FeCl_3$ 与上述物质反应后的颜色，用毛笔分别蘸取上述物质设计一幅画，再用喷雾器在绘画上喷 $FeCl_3$ 溶液。可以多设计几幅画操作。

 注意事项

用毛笔蘸取试剂绘画时，用量要少。

 实训思考

（1）设计一幅内涵丰富的画，并交流学习。

（2）利用本实训的原理，再设计 1～2 个趣味实训。

附 录

附录 A 一些物质的相对分子质量

表 A-1 一些物质的相对分子质量

物　质	相对分子质量	物　质	相对分子质量	物　质	相对分子质量
$AgNO_3$	169.87	Fe_2O_3	159.69	Na_2O	61.98
Al	26.98	H_3BO_3	61.83	$NaCN$	49.01
$Al_2(SO_4)_3$	342.15	HCl	36.46	$NaOH$	40.01
Al_2O_3	101.96	$KBrO_3$	167.01	$Na_2S_2O_3$	158.11
BaO	153.34	KIO_3	214.00	$Na_2S_2O_3 \cdot 5H_2O$	248.18
Ba	137.34	$K_2Cr_2O_7$	294.19	NH_4Cl	53.49
$BaCl_2 \cdot 2H_2O$	244.28	$KMnO_4$	158.04	NH_3	17.03
$BaSO_4$	233.40	$KHC_8H_4O_4$	204.23	$NH_3 \cdot H_2O$	35.05
$BaCO_3$	197.35	MgO	40.31	$NH_4Fe(SO_4)_2 \cdot 12H_2O$	482.19
Bi	208.98	$MgNH_4PO_4$	137.33	$NH_4(SO_4)_2$	132.14
CaC_2O_4	128.10	$NaCl$	58.44	P_2O_5	141.95
Ca	40.08	Na_2S	78.04	$PbCrO_4$	323.19
$CaCO_3$	100.09	Na_2CO_3	106.00	Pb	207.20
CaO	56.08	$Na_2B_4O_7 \cdot 10H_2O$	381.37	PbO_2	239.19
CuO	79.54	Na_2SO_4	142.04	SO_3	80.06
Cu	63.55	Na_2SO_3	126.04	SO_2	64.06
$CuSO_4 \cdot 5H_2O$	249.68	$Na_2C_2O_4$	134.00	S	32.06
CH_3COOH	60.05	Na_2SiF_6	188.06	SiO_2	60.08
$C_4H_6O_6$（酒石酸）	150.09	$Na_2H_2Y \cdot 2H_2O$（EDTA 二钠盐）	372.26	$SnCl_2$	189.60
Fe	55.85	NaI	149.89	$HCHO$	30.03
$FeSO_4 \cdot 7H_2O$	278.02	$NaBr$	102.90	$K_3[Fe(C_2O_4)_3] \cdot 3H_2O$	491.26

附录 B　常用指示剂

表 B-1　常用酸碱指示剂

名　　称	变色范围(pH)	颜 色 变 化	配 制 方 法
百里酚蓝	1.2~2.8	红色~黄色	0.1 g 百里酚蓝溶于 20 mL 乙醇中,加水至 100 mL
甲基橙	3.1~4.4	红色~黄色	0.1 g 甲基橙溶于 100 mL 热水中
溴酚蓝	3.0~4.6	黄色~紫色	0.1 g 溴酚蓝溶于 20 mL 乙醇中,加水至 100 mL
溴甲酚绿	3.8~5.4	黄色~蓝色	0.1 g 溴甲酚绿溶于 20 mL 乙醇中,加水至 100 mL
甲基红	4.4~6.2	红色~黄色	0.1 g 甲基红溶于 60 mL 乙醇中,加水至 100 mL
溴百里酚蓝	6.2~7.6	黄色~蓝色	0.1 g 溴百里酚蓝溶于 20 mL 乙醇中,加水至 100 mL
中性红	6.8~8.0	红色~橙黄色	0.1 g 中性红溶于 60 mL 乙醇中,加水至 100 mL
酚酞	8.0~9.6	无色~红色	0.2 g 酚酞溶于 90 mL 乙醇中,加水至 100 mL
百里酚蓝	8.0~9.6	黄色~蓝色	0.1 g 百里酚蓝溶于 20 mL 乙醇中,加水至 100 mL
百里酚酞	9.4~10.6	无色~蓝色	0.1 g 百里酚酞溶于 90 mL 乙醇中,加水至 100 mL
茜素黄	10.1~12.1	黄色~紫色	0.1 g 茜素黄溶于 100 mL 水中

表 B-2　混合酸碱指示剂

指示剂溶液的组成	变色时 pH	颜色		备　注
		酸色	碱色	
一份 0.1% 甲基黄乙醇溶液 一份 0.1% 亚甲基蓝乙醇溶液	3.25	蓝紫色	绿色	pH=3.2 蓝紫色 pH=3.4 绿色
一份 0.1% 甲基橙水溶液 一份 0.25% 靛蓝二磺酸水溶液	4.1	紫色	黄绿色	
一份 0.1% 溴甲酚绿钠盐水溶液 一份 0.2% 甲基橙水溶液	4.3	橙色	蓝绿色	pH=3.5 黄色 pH=4.05 绿色 pH=4.3 浅绿色
三份 0.1% 溴甲酚绿乙醇溶液 一份 0.2% 甲基红乙醇溶液	5.1	酒红色	绿色	
一份 0.1% 溴甲酚绿钠盐水溶液 一份 0.1% 氯酚红钠盐水溶液	6.1	黄绿色	蓝紫色	pH=5.4 蓝绿色 pH=5.8 蓝色 pH=6.0 蓝带紫色 pH=6.2 蓝紫色
一份 0.1% 中性红乙醇溶液 一份 0.1% 亚甲基蓝乙醇溶液	7.0	蓝紫色	绿色	pH=7.0 蓝紫色
一份 0.1% 甲酚红钠盐水溶液 三份 0.1% 百里酚蓝钠盐水溶液	8.3	黄色	紫色	pH=8.2 玫瑰红色 pH=8.4 清晰的紫色
一份 0.1% 百里酚蓝 50% 乙醇溶液 三份 0.1% 酚酞 50% 乙醇溶液	9.0	黄色	紫色	从黄色到绿色,再到紫色
一份 0.1% 酚酞乙醇溶液 一份 0.1% 百里酚酞乙醇溶液	9.9	无色	紫色	pH=9.6 玫瑰红色 pH=10 紫红色
二份 0.1% 百里酚酞乙醇溶液 一份 0.1% 茜素黄乙醇溶液	10.2	黄色	紫色	

表 B-3 沉淀及金属指示剂

名 称	颜 色		配 制 方 法
	游离态	化合态	
铬酸钾	黄色	砖红色	5%水溶液
硫酸铁铵(40%)	无色	血红色	$NH_4Fe(SO_4)_2 \cdot 12H_2O$ 饱和水溶液,加数滴浓硫酸
荧光黄(0.5%)	绿色荧光	玫瑰红色	0.50 g 荧光黄溶于乙醇,并用乙醇稀释至 100 mL
铬黑 T	蓝色	酒红色	①2 g 铬黑 T 溶于 15 mL 三乙醇胺及 5 mL 甲醇中; ②1 g 铬黑 T 与 100 g NaCl 研细、混匀
钙指示剂	蓝色	红色	0.5 g 钙指示剂与 100 g NaCl 研细、混匀
二甲酚橙(0.5%)	黄色	红色	0.5 g 二甲酚橙溶于 100 mL 去离子水中
K-B 指示剂	蓝色	红色	0.5 g 酸性铬蓝 K 加 1.25 g 萘酚绿 B,再加 25 g K_2SO_4,研细、混匀
PAN 指示剂(0.2%)	黄色	红色	0.2 g PAN 溶于 100 mL 乙醇中
邻苯二酚紫(0.1%)	紫色	蓝色	0.1 g 邻苯二酚紫溶于 100 mL 去离子水中

表 B-4 氧化还原指示剂

名 称	变色电极电势 φ/V	颜 色		配 制 方 法
		氧化态	还原态	
二苯胺(1%)	0.76	紫色	无色	1 g 二苯胺在搅拌下溶于 100 mL 浓硫酸和 100 mL 浓磷酸中,贮于棕色瓶中
二苯胺磺酸钠(0.5%)	0.85	紫色	无色	0.5 g 二苯胺磺酸钠溶于 100 mL 水中,必要时过滤
邻菲啰啉硫酸亚铁(0.5%)	1.06	淡蓝色	红色	0.5 g $FeSO_4 \cdot 7H_2O$ 溶于 100 mL 水中,加 2 滴硫酸,加 0.5 g 邻菲啰啉
邻苯氨基苯甲酸(0.2%)	1.08	红色	无色	0.2 g 邻苯氨基苯甲酸加热溶解在 100 mL 0.2% Na_2CO_3 溶液中,必要时过滤
淀粉(0.2%)				2 g 可溶性淀粉,加少许水调成浆状,在搅拌下注入 1 000 mL 沸水中,微沸 2 min,放置,取上层溶液使用(若要保持稳定,可在研磨淀粉时加入 10 mg HgI_2)

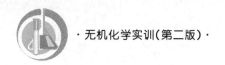

附录 C 危险药品的分类、性质和管理

1. 常用危险药品的分类和性质

危险药品是指受光、热、空气、水或撞击等外界因素的影响,可能引起燃烧、爆炸的药品,或具有强腐蚀性、剧毒性的药品。按其危害性可分为以下几类。

表 C-1 常见危险药品的分类和性质

类 别		举 例	性 质	注 意 事 项
1. 爆炸品		硝酸铵、苦味酸、三硝基甲苯	遇高温摩擦、撞击等,发生剧烈反应,放出大量气体和热量,发生猛烈爆炸	存放于阴凉、低下处。轻拿、轻放
2. 易燃品	易燃液体	丙酮、乙醚、甲醇、乙醇、苯等有机溶剂	沸点低、易挥发,遇火则燃烧,甚至发生爆炸	存放阴凉处,远离热源。使用时注意通风,不得有明火
	易燃固体	赤磷、硫、萘、硝化纤维	燃点低,受热、摩擦、撞击或遇氧化剂可发生剧烈燃烧、爆炸	同上
	易燃气体	氢气、乙炔、甲烷	因撞击、受热引起燃烧。与空气按一定比例混合,则会爆炸	使用时注意通风。如为钢瓶气,不得在实训室内存放
	遇水易燃品	钠、钾	遇水剧烈反应,产生可燃气体并放出热量,此反应热会引起燃烧	保存于煤油中,切勿与水接触
	自燃物品	黄磷	在适当温度下被空气氧化、放热,达到燃点而发生自燃	保存于水中
3. 氧化剂		硝酸钾、过氧化氢、氯酸钾、过氧化钠、高锰酸钾	具有强氧化性,遇酸、受热,以及与有机物、易燃品、还原剂等混合时,因反应发生燃烧或爆炸	不得与易燃品、爆炸品、还原剂等一起存放
4. 剧毒品		氰化钾、三氧化二砷、升汞、氯化钡、六六六	剧毒,少量侵入人体(误食或接触伤口)引起中毒,甚至死亡	专人、专柜保管,现用现领,用后的剩余物,不论是固体或液体都应交回保管人,并应设有使用登记制度
5. 腐蚀性药品		强酸、氟化氢、强碱、溴、酚	具有强腐蚀性,触及物品造成腐蚀、破坏,触及人体皮肤时,引起化学烧伤	不要与氧化剂、易燃品、爆炸品放在一起。酸类和碱类分开。密封后放在地下室或阴凉处保存

2．化学实训室毒品管理规定

（1）实训室应建立毒品专用存放库，由至少两位教师共同负责，保证领用毒品的安全管理。实训室应建立毒品使用账目，账目包括：药品名称、领用日期、领用量、使用日期、使用量、剩余量、使用人签名、两位管理人员签名。

（2）实训室使用毒品和剧毒品时，应先计算使用量，然后按用量到毒品库领取，尽量做到用多少领多少。使用后剩余毒品应送回毒品库统一管理。毒品库对领出和退回的毒品要详细登记。

（3）在实训室使用毒品时，如果剩余量较少且近期仍需使用的须存放于实训室内，此药品必须存放于实训室毒品保险柜内，钥匙由两位教师管理，保险柜上锁和开启均须两人同时在场。实训室配制有毒药品溶液时也应按用量配制，该溶液的使用、归还和存放也必须履行使用登记制度。

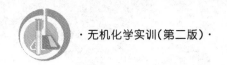

附录 D　某些试剂溶液的配制

表 D-1　某些试剂溶液的配制

试　　剂	浓度/(mol·L^{-1})	配制方法
三氯化铋 $BiCl_3$	0.1	溶解 31.6 g $BiCl_3$ 于 330 mL 6 mol·L^{-1} HCl 溶液中,加水稀释至 1 L
三氯化锑 $SbCl_3$	0.1	溶解 22.8 g $SbCl_3$ 于 330 mL 6 mol·L^{-1} HCl 溶液中,加水稀释至 1 L
氯化亚锡 $SnCl_2$	0.1	溶解 22.6 g $SnCl_2 \cdot 2H_2O$ 于 330 mL 6 mol·L^{-1} HCl 溶液中,加水稀释至 1 L。加入数粒纯锡,以防氧化
硝酸汞 $Hg(NO_3)_2$	0.1	溶解 33.4 g $Hg(NO_3)_2 \cdot 1/2H_2O$ 于 1 L 0.6 mol·L^{-1} HNO$_3$ 溶液中
硝酸亚汞 $Hg_2(NO_3)_2$	0.1	溶解 56.1 g $Hg_2(NO_3)_2 \cdot 2H_2O$ 于 1 L 0.6 mol·L^{-1} HNO$_3$ 溶液中,并加入少许金属汞
碳酸铵 $(NH_4)_2CO_3$	1	95 g 研细的 $(NH_4)_2CO_3$ 溶于 1 L 2 mol·L^{-1} 氨水中
硫酸铵 $(NH_4)_2SO_4$	饱和	50 g $(NH_4)_2SO_4$ 溶于 100 mL 热水中,冷却后过滤
硫酸亚铁 $FeSO_4$	0.5	溶解 69.5 g $FeSO_4 \cdot 7H_2O$ 于适量水中,加入 5 mL 浓硫酸,再用水稀释至 1 L,放入小铁钉数枚
六羟基锑酸钠 $Na[Sb(OH)_6]$	0.1	溶解 12.2 g 锑粉于 50 mL 浓硝酸中,微热,使锑粉全部变成白色粉末,用倾析法洗涤数次,然后加入 50 mL 6 mol·L^{-1} NaOH 溶液,使之溶解,稀释至 1 L
六硝基钴酸钠 $Na_3[Co(NO_2)_6]$		溶解 230 g $NaNO_3$ 于 500 mL 水中,加入 165 mL 6 mol·L^{-1} HAc 溶液和 30 g $Co(NO_3)_2 \cdot 6H_2O$,放置 24 h,取其清液,稀释至 1 L,并保存在棕色瓶中。此溶液应呈橙色,若变成红色,表示已分解,应重新配制
硫化钠 Na_2S	0.1	溶解 240 g $Na_2S \cdot 9H_2O$ 和 40 g NaOH 于水中,稀释至 1 L
仲钼酸铵(七钼酸铵) $(NH_4)_6Mo_7O_{24} \cdot 4H_2O$	0.1	溶解 124 g $(NH_4)_6Mo_7O_{24} \cdot 4H_2O$ 于 1 L 水中,将所得溶液倒入 1 L 6 mol·L^{-1} HNO$_3$ 溶液中,放置 24 h,取其澄清液
硫化铵 $(NH_4)_2S$	3	取一定量氨水,将其均分为两份,往其中一份通硫化氢至饱和,而后与另一份氨水混合

续表

试　剂	浓度/(mol·L^{-1})	配　制　方　法
铁氰化钾 K$_3$[Fe(CN)$_6$]		取铁氰化钾 0.7～1 g 溶解于水,稀释至 100 mL(使用前临时配制)
铬黑 T		将铬黑 T 和烘干的 NaCl 按 1∶100 的比例称取,研细,混匀,贮于棕色瓶中
二苯胺		将 1 g 二苯胺在搅拌下溶于 100 mL 浓硫酸和 100 mL 密度为 1.70 g·cm^{-3} 的磷酸中(该溶液可保存较长时间),贮于棕色瓶中
镍试剂		溶解 10 g 镍试剂(二乙酰二肟)于 1 L 95% 的乙醇中
镁试剂		溶解 0.01 g 镁试剂(2,4-二羟基-4-硝基偶氮苯、对硝基苯偶氮-1-萘酚)于 1 L 1 mol·L^{-1} NaOH 溶液中
铝试剂		1 g 铝试剂(3-(双(3-羟基-4-羟基苯基)亚甲基)-6-氧-1,4-环己烯-1-羧酸合铝)溶于 1 L 水中
镁铵试剂		将 100 g MgCl$_2$·6H$_2$O 和 100 g NH$_4$Cl 溶于水中,加 50 mL 浓氨水,用水稀释至 1 L
奈氏试剂		溶解 1 L 5 g HgI$_2$ 和 80 g KI 于水中,稀释至 500 mL,加入 500 mL 6 mol·L^{-1} NaOH 溶液,静置后,取其清液,保存在棕色瓶中
五氰亚硝酰合铁(Ⅲ)酸钠 Na$_2$[Fe(CN)$_5$NO]		10 g 五氰亚硝酰合铁(Ⅲ)酸钠溶解于 100 mL 水中。保存于棕色瓶内,如果溶液变绿,就不能用了
格里斯试剂		①在加热下溶解 0.5 g 对一氨基苯磺酸于 50 mL 30% HAc 溶液中,于暗处保存;②将 0.4 g α-萘胺与 100 mL 水混合,煮沸,再在从蓝色沉淀分离出的无色溶液中加入 6 mL 80% HAc 溶液。使用前将①、②两液等体积混合
打萨宗(二苯缩氨硫脲)		溶解 0.1 g 打萨宗于 1 L CCl$_4$ 或 CHCl$_3$ 中
甲基红		每升 60% 乙醇中溶解 2 g 甲基红
甲基橙	0.1%	每升水中溶解 1 g 甲基橙
酚酞		每升 90% 乙醇中溶解 1 g 酚酞
溴甲酚蓝(溴甲酚绿)		0.1 g 该指示剂与 2.9 mL 0.05 mol·L^{-1} NaOH 溶液一起搅匀,用水稀释至 250 mL,或每升 20% 乙醇中溶解 1 g 该指示剂

试　　剂	浓度/(mol·L^{-1})	配制方法
石蕊		2 g 石蕊溶于 50 mL 水中,静置一昼夜后过滤。在溴水中加 30 mL 95%乙醇,再加水稀释至 100 mL
氯水		在水中通入氯气直至饱和,该溶液使用时临时配制
溴水		在水中滴入液溴至饱和
碘液	0.01	溶解 1.3 g 碘和 5 g KI 于尽可能少量的水中,加水稀释至 1 L
品红溶液		1 g 品红溶于 1000 g 水中
淀粉溶液	0.2%	将 0.2 g 淀粉和少量冷水调成糊状,倒入 100 mL 沸水中,煮沸后冷却即可
NH$_3$-NH$_4$Cl 缓冲溶液		20 g NH$_4$Cl 溶于适量水中,加入 100 mL 氨水(密度为 0.9 g·cm^{-3}),混合后稀释至 1 L,即为 pH=10 的缓冲溶液

注:缓冲溶液配制后可用 pH 试纸或酸度计检查。若 pH 不对,可用共轭酸或碱调节。

附录 E　某些离子和化合物的颜色

表 E-1　无色离子

阳离子	Na^+、K^+、NH_4^+、Mg^{2+}、Ca^{2+}、Sr^{2+}、Ba^{2+}、Al^{3+}、Sn^{2+}、Sn^{4+}、Pb^{2+}、Bi^{3+}、Ag^+、Zn^{2+}、Cd^{2+}、Hg_2^{2+}、Hg^{2+} 等
阴离子	$[B(OH)_4]^-$、$B_4O_7^{2-}$、$C_2O_4^{2-}$、Ac^-、CO_3^{2-}、SiO_3^{2-}、NO_3^-、NO_2^-、PO_4^{3-}、AsO_3^{3-}、AsO_4^{3-}、$[SbCl_6]^{3-}$、$[SbCl_6]^-$、SO_3^{2-}、SO_4^{2-}、S^{2-}、$S_2O_3^{2-}$、F^-、Cl^-、ClO_3^-、Br^-、BrO_3^-、I^-、SCN^-、$[CuCl_2]^-$、TiO^{2+}、VO_3^-、VO_4^{3-}、MoO_4^{2-}、WO_4^{2-} 等

表 E-2　有色离子

离　子	颜　色	离　子	颜　色
Cu^{2+}	浅蓝色	$[Cr(NH_3)_6]^{3+}$	黄色
$[CuCl_4]^{2-}$	黄色	$[Cr(H_2O)_5Cl]^{2+}$	浅绿色
$[Cu(NH_3)_4]^{2+}$	深蓝色	$[Cr(H_2O)_4Cl_2]^+$	暗绿色
$[Cu(H_2O)_4]^{2+}$	浅蓝色	$[Cr(NH_3)_2(H_2O)_4]^{3+}$	紫红色
VO^{2+}	蓝色	$[Cr(NH_3)_3(H_2O)_3]^{3+}$	浅红色
VO_2^+	浅黄色	$[Cr(NH_3)_5H_2O]^{2+}$	橙黄色
$[VO_2(O_2)_2]^{3-}$	黄色	$[Cr(NH_3)_4(H_2O)_2]^{3+}$	橙红色
$[V(O_2)]^{3+}$	深红色	Mn^{2+}	浅玫瑰色
$[V(H_2O)_6]^{2+}$	紫色	MnO_4^-	紫红色
$[V(H_2O)_6]^{3+}$	绿色	MnO_4^{2-}	绿色
Cr^{3+}	绿色	$[Mn(H_2O)_6]^{2+}$	肉色
CrO_2^-	绿色	Fe^{2+}	浅绿色
CrO_4^{2-}	黄色	$[Fe(CN)_6]^{3-}$	浅橘黄色
$Cr_2O_7^{2-}$	橙色	$[Fe(NCS)_n]^{3-n}$	血红色
$[Cr(H_2O)_6]^{2+}$	蓝色	$[Fe(H_2O)_6]^{2+}$	浅绿色
$[Cr(H_2O)_6]^{3+}$	紫色	$[Fe(H_2O)_6]^{3+}$	淡紫色*

注：* 由于水解生成$[Fe(H_2O)_5OH]^{2+}$、$[Fe(H_2O)_4(OH)_2]^+$等离子，而使溶液呈黄棕色。未水解的 $FeCl_3$ 呈黄棕色，这是由于生成了$[FeCl_4]^-$。

离　子	颜　色	离　子	颜　色
$[Fe(CN)_6]^{4-}$	黄色	$[Co(NH_3)_4CO_3]^+$	紫红色
Co^{2+}	玫瑰色	$[TiO(H_2O_2)]^{2+}$	橘黄色
$[Co(CN)_6]^{3-}$	紫色	I_3^-	浅棕黄色
$[Co(H_2O)_6]^{2+}$	粉红色	Ni^{2+}	绿色
$[Co(NH_3)_6]^{2+}$	黄色	$[Ni(NH_3)_6]^{2+}$	蓝色
$[Co(NH_3)_6]^{3+}$	橙黄色	$[Ni(H_2O)_6]^{2+}$	亮绿色
$[Co(SCN)_4]^{2-}$	蓝色	$[Ti(H_2O)_6]^{3+}$	紫色
$[Co(NH_3)_5(H_2O)]^{3+}$	粉红色	$[TiCl(H_2O)_5]^{2+}$	绿色
$[CoCl(NH_3)_5]^{2+}$	紫红色		

表 E-3　氧化物

氧　化　物	颜　色	氧　化　物	颜　色
CuO	黑色	VO_2	深蓝色
Cu_2O	暗红色	V_2O_5	红棕色
Ag_2O	暗棕色	CoO	灰绿色
ZnO	白色	Co_2O_3	黑色
CdO	红棕色	NiO	暗绿色
Hg_2O	黑褐色	Cr_2O_3	绿色
Fe_2O_3	砖红色	CrO_3	红色
Fe_3O_4	黑色	MnO_2	棕褐色
FeO	黑色	MoO_2	铅灰色
HgO	红色或黄色	WO_2	红棕色
TiO_2	白色	Ni_2O_3	黑色
VO	亮灰色	PbO	黄色
V_2O_3	黑色	Pb_3O_4	红色

表 E-4　氢氧化物

氢氧化物	颜　色	氢氧化物	颜　色
$Zn(OH)_2$	白色	$Al(OH)_3$	白色
$Pb(OH)_2$	白色	$Bi(OH)_3$	白色
$Mg(OH)_2$	白色	$Sb(OH)_3$	白色
$Sn(OH)_2$	白色	$Co(OH)_2$	粉红色
$Sn(OH)_4$	白色	$Cu(OH)_2$	浅蓝色
$Mn(OH)_2$	白色	$CuOH$	黄色
$Cr(OH)_3$	灰绿色	$Ni(OH)_2$	浅绿色
$Fe(OH)_2$	白色或苍绿色	$Ni(OH)_3$	黑色
$Fe(OH)_3$	红棕色	$Co(OH)_3$	褐棕色
$Cd(OH)_2$	白色		

表 E-5　氯化物、溴化物

氯(溴)化物	颜　色	氯(溴)化物	颜　色
$AgCl$	白色	$FeCl_3 \cdot 6H_2O$	黄棕色
$AgBr$	淡黄色	$TiCl_2$	黑色
Hg_2Cl_2	白色	$CoCl_2$	蓝色
$CoCl_2 \cdot 6H_2O$	粉红色	$CoCl_2 \cdot H_2O$	蓝紫色
$CuCl$	白色	$CoCl_2 \cdot 2H_2O$	紫红色
$CuCl_2$	棕色	$AsBr$	浅黄色
$CuCl_2 \cdot 2H_2O$	蓝色	$CuBr_2$	紫黑色
$Hg(NH_3)Cl$	白色	$TiCl_3 \cdot 6H_2O$	紫色或绿色
$PbCl_2$	白色	$PbBr_3$	白色

表 E-6　碘化物、卤酸盐

碘化物	颜　色	卤酸盐	颜　色
AgI	黄色	$Ba(IO_3)_2$	白色
Hg_2I_2	黄绿色	$AgIO_3$	白色
HgI_2	红色	$KClO_4$	白色
PbI_2	黄色	$AgBrO_3$	白色
CuI	白色		
SbI_3	红黄色		
BiI_3	墨绿色		
TiI_4	暗棕色		

表 E-7　硫酸盐

硫酸盐	颜色	硫酸盐	颜色
Ag_2SO_4	白色	$CuSO_4 \cdot 5H_2O$	蓝色
Hg_2SO_4	白色	$Cr_2(SO_4)_3$	紫色或红色
$Cu_2(OH)_2SO_4$	浅蓝色	$Cr_2(SO_4)_3 \cdot 6H_2O$	绿色
$CoSO_4 \cdot 7H_2O$	红色	$KCr(SO_4)_2 \cdot 12H_2O$	紫色
$Cr_2(SO_4)_3 \cdot 18H_2O$	蓝紫色	$PbSO_4$	白色
$SrSO_4$	白色	$[Fe(NO)]SO_4$	深棕色
$BaSO_4$	白色	$MnSO_4 \cdot 7H_2O$	粉红色

表 E-8　硫化物

硫化物	颜色	硫化物	颜色
Ag_2S	灰黑色	CdS	黄色
HgS	红色或黑色	Sb_2S_3	橙色
PbS	黑色	Sb_2S_5	橙红色
CuS	黑色	MnS	肉色
Cu_2S	黑色	ZnS	白色
FeS	黑色	As_2S_3	黄色
Fe_2S_3	黑色	NiS	黑色
CoS	黑色	Bi_2S_3	黑褐色
SnS_2	金黄色	SnS	褐色

表 E-9　碳酸盐

碳酸盐	颜色	碳酸盐	颜色
Ag_2CO_3	白色	$Ni_2(OH)_2CO_3$	浅绿色
$CaCO_3$	白色	$MnCO_3$	白色
$SrCO_3$	白色	$CdCO_3$	白色
$BaCO_3$	白色	$BiOHCO_3$	白色
$Zn_2(OH)_2CO_3$	白色	$Hg_2(OH)_2CO_3$	红褐色
$Co_2(OH)_2CO_3$	红色	$Cu_2(OH)_2CO_3$	暗绿色*

注:* 相同浓度硫酸铜和碳酸钠溶液的比例(体积)不同时,生成的碱式碳酸铜颜色不同。当 $CuSO_4$ 和 Na_2CO_3 的体积比为 2∶1.6 时,为浅蓝绿色;当两者的体积比为 1∶1 时,为暗绿色。

表 E-10　其他化合物

化　合　物	颜　色	化　合　物	颜　色
$Ca_3(PO_4)_2$	白色	AgSCN	白色
$CaHPO_3$	白色	$Cu(SCN)_2$	墨绿色
$Ba_3(PO_4)_2$	白色	NH_4MgAsO_4	白色
$FePO_4$	浅黄色	Ag_3AsO_4	红褐色
Ag_3PO_4	黄色	$Ag_2S_2O_3$	白色
NH_4MgPO_4	白色	$BaSO_3$	白色
Ag_2CrO_4	砖红色	$SrSO_3$	白色
$PbCrO_4$	黄色	$Ag_4[Fe(CN)_6]$	白色
$BaCrO_4$	黄色	$Cu_2[Fe(CN)_6]$	红褐色
$FeCrO_4 \cdot 2H_2O$	黄色	$Ag_3[Fe(CN)_6]$	橙色
$BaSiO_3$	白色	$Zn_3[Fe(CN)_6]_2$	黄褐色
$CuSiO_3$	蓝色	$Co_2[Fe(CN)_6]$	绿色
$CoSiO_3$	紫色	$Fe_4^{III}[Fe^{II}(CN)_6]_3 \cdot xH_2O$	蓝色
$Fe_2(SiO_3)_3$	红棕色	$Zn_2[Fe(CN)_6]$	白色
$MnSiO_3$	肉色	$K_3[Co(NO_2)_6]$	黄色
$NiSiO_3$	翠绿色	$K_2Na[Co(NO_2)_6]$	黄色
CaC_2O_4	白色	$(NH_4)_2Na[Co(NO_2)_6]$	黄色
$Ag_2C_2O_4$	白色	$K_2[PtCl_6]$	黄色
$FeC_2O_4 \cdot 2H_2O$	黄色	$KHC_4H_4O_6$	白色
AgCN	白色	$Na[Sb(OH)_6]$	白色
$Ni(CN)_2$	浅绿色	$(NH_4)_2Mo(SO_4)_2$	血红色
$Cu(CN)_2$	浅棕黄色	$Na_2[Fe(CN)_5NO] \cdot 2H_2O$	红色
CuCN	白色		

附录 F 常见沉淀物的 pH

表 F-1 金属氢氧化物沉淀的 pH

氢氧化物	开始沉淀时的 pH		沉淀完全时的 pH（残留离子浓度 $< 10^{-5}$ mol·L^{-1}）	沉淀开始溶解时的 pH	沉淀完全溶解时的 pH
	金属离子浓度为 1 mol·L^{-1}	金属离子浓度为 0.01 mol·L^{-1}			
$Sn(OH)_4$	0	0.5	1	13	15
$TiO(OH)_2$	0	0.5	2.0		
$Sn(OH)_2$	0.9	2.1	4.7	10	13.5
$ZrO(OH)_2$	1.3	2.3	3.8		
HgO	1.3	2.4	5.0	11.5	
$Fe(OH)_3$	1.5	2.3	4.1	14	
$Al(OH)_3$	3.3	4.0	5.2	7.8	10.8
$Cr(OH)_3$	4.0	4.9	6.8	12	15
$Be(OH)_2$	5.2	6.2	8.8		
$Zn(OH)_2$	5.4	6.4	8.0	10.5	12~13
Ag_2O	6.2	8.2	11.2	12.7	
$Fe(OH)_2$	6.5	7.5	9.7	13.5	
$Co(OH)_2$	6.6	7.6	9.2	14.1	
$Ni(OH)_2$	6.7	7.7	9.5		
$Cd(OH)_2$	7.2	8.2	9.7		
$Mn(OH)_2$	7.8	8.8	10.4	14	
$Mg(OH)_2$	9.4	10.4	12.4		
$Pb(OH)_2$		7.2	8.7	10	13
$Ce(OH)_4$		0.8	1.2		
$Th(OH)_4$		0.5			
$Tl(OH)_3$		约 0.6	约 1.6		
H_2WO_4		约 0	约 0		
H_2MoO_4				约 8	约 9
稀土		6.8~8.5	约 9.5		
H_2UO_4		3.6	5.1		

表 F-2　金属硫化物沉淀的 pH

pH	被 H_2S 所沉淀的金属
1	Cu、Ag、Hg、Pb、Bi、Cd、Rh、Pd、Os、As、Au、Pt、Sb、Ir、Ge、Se、Te、Mo
2～3	Zn、Ti、In、Ga
5～6	Co、Ni
＞7	Mn、Fe

注:摘自北京师范大学化学系无机化学教研室.简明化学手册[M].北京:北京出版社,1980.

附录 G 溶度积常数

表 G-1 常见化合物的溶度积常数

化 合 物	溶度积常数(温度/℃)	化 合 物	溶度积常数(温度/℃)
* H_3AlO_3	$4 \times 10^{-13}(15)$	CuSCN	$1.77 \times 10^{-13}(25)$
	$1.1 \times 10^{-15}(18)$	* $Cu_2Fe(CN)_6 \cdot 7H_2O$	$1.3 \times 10^{-16}(18 \sim 25)$
	$3.7 \times 10^{-15}(25)$	$Fe(OH)_3$	$2.79 \times 10^{-39}(25)$
* $Al(OH)_3$	$1.9 \times 10^{-33}(18 \sim 20)$	$Fe(OH)_2$	$4.87 \times 10^{-17}(18)$
$BaCO_3$	$2.58 \times 10^{-9}(25)$	FeC_2O_4	$2.1 \times 10^{-7}(25)$
$BaCrO_4$	$1.17 \times 10^{-10}(25)$	* FeS	$3.7 \times 10^{-19}(18)$
BaF_2	$1.84 \times 10^{-7}(25)$	$PbCO_3$	$7.4 \times 10^{-14}(25)$
$Ba(IO_3)_2 \cdot 2H_2O$	$1.67 \times 10^{-9}(25)$	* $PbCrO_4$	$1.77 \times 10^{-14}(18)$
$Ba(IO_3)_2$	$4.01 \times 10^{-9}(25)$	PbF_2	$3.3 \times 10^{-8}(25)$
* $BaC_2O_4 \cdot 2H_2O$	$1.2 \times 10^{-7}(18)$	$Pb(IO_3)_2$	$3.69 \times 10^{-13}(25)$
* $BaSO_4$	$1.08 \times 10^{-10}(25)$	PbI_2	$9.8 \times 10^{-9}(25)$
$CdC_2O_4 \cdot 3H_2O$	$1.42 \times 10^{-8}(25)$	* PbC_2O_4	$2.74 \times 10^{-11}(18)$
$Cd(OH)_2$	$7.2 \times 10^{-15}(25)$	$PbSO_4$	$2.53 \times 10^{-8}(25)$
* CdS	$3.6 \times 10^{-29}(18)$	* PbS	$3.4 \times 10^{-28}(18)$
$CaCO_3$	$3.36 \times 10^{-9}(25)$	Li_2CO_3	$8.15 \times 10^{-4}(25)$
CaF_2	$3.45 \times 10^{-11}(25)$	* $MgNH_4PO_4 \cdot 6H_2O$	$2.5 \times 10^{-13}(25)$
$Ca(IO_3)_2$	$6.47 \times 10^{-6}(25)$	$MgCO_3$	$6.82 \times 10^{-6}(25)$
CaC_2O_4	$2.32 \times 10^{-9}(25)$	MgF_2	$5.16 \times 10^{-11}(25)$
* $CaC_2O_4 \cdot H_2O$	$2.57 \times 10^{-9}(25)$	$Mg(OH)_2$	$5.61 \times 10^{-12}(25)$
$CaSO_4$	$4.93 \times 10^{-5}(25)$	$MgC_2O_4 \cdot 2H_2O$	$4.83 \times 10^{-6}(25)$
* $\alpha\text{-CoS}$	$4.0 \times 10^{-21}(18 \sim 25)$	* $Mn(OH)_2$	$4 \times 10^{-14}(18)$
* $\beta\text{-CoS}$	$2.0 \times 10^{-25}(18 \sim 25)$	* MnS	$1.4 \times 10^{-15}(18)$
$Cu(IO_3)_2 \cdot H_2O$	$6.94 \times 10^{-8}(25)$	* $Hg(OH)_2^{\triangle}$	$3.0 \times 10^{-26}(18 \sim 25)$
CuC_2O_4	$4.43 \times 10^{-10}(25)$	* HgS(红)	$4.0 \times 10^{-53}(18 \sim 25)$
* CuS	$8.5 \times 10^{-45}(18)$	* HgS(黑)	$1.6 \times 10^{-52}(18 \sim 25)$
CuBr	$6.27 \times 10^{-9}(25)$	Hg_2Cl_2	$1.43 \times 10^{-18}(25)$
CuCl	$1.72 \times 10^{-7}(25)$	Hg_2I_2	$5.2 \times 10^{-29}(25)$
CuI	$1.27 \times 10^{-12}(25)$	Hg_2Br_2	$6.4 \times 10^{-23}(25)$
* Cu_2S	$2 \times 10^{-47}(16 \sim 18)$	* $\alpha\text{-NiS}$	$3.2 \times 10^{-19}(18 \sim 25)$

化 合 物	溶度积常数(温度/℃)	化 合 物	溶度积常数(温度/℃)
* β-NiS	1.0×10^{-24} (18～25)	* Ag_2S	1.6×10^{-49} (18)
* γ-NiS	2.0×10^{-26} (18～25)	* AgSCN	4.9×10^{-13} (18)
AgBr	5.35×10^{-13} (25)		1.03×10^{-12} (25)
$AgCO_3$	8.46×10^{-12} (25)	$SrCO_3$	5.60×10^{-10} (25)
AgCl	1.77×10^{-10} (25)	SrF_2	4.33×10^{-9} (25)
* Ag_2CrO_4	1.2×10^{-12} (14.8)	* SrC_2O_4	5.61×10^{-8} (18)
	1.12×10^{-12} (25)	* $SrSO_4$	3.44×10^{-7} (25)
* $Ag_2Cr_2O_7$	2×10^{-7} (25)	* $SrCrO_4$	2.2×10^{-5} (18～25)
AgOH$^{\triangle}$	1.52×10^{-8} (20)	$Zn(OH)_2$	3×10^{-17} (25)
$AgIO_3$	3.17×10^{-8} (25)	$ZnC_2O_4 \cdot 2H_2O$	1.38×10^{-9} (25)
* AgI	0.32×10^{-16} (13)	* ZnS	1.2×10^{-23} (18)
	8.52×10^{-17} (25)		

注：① $\triangle$ 为 $1/2Ag_2O + 1/2H_2O \Longrightarrow Ag^+ + OH^-$ 和 $HgO + H_2O \Longrightarrow Hg^{2+} + 2OH^-$。

② 本表主要摘译自 Lide D. R.，Handbook of Chemistry and Physics，78th Ed.

③ * 摘译自 Weast R. C.，Handbook of Chemistry and Physics，66th Ed.

附录 H　弱电解质的电离常数

表 H-1　弱酸的电离常数

酸	$t/℃$	级	K_a	pK_a	酸	$t/℃$	级	K_a	pK_a
H_3AsO_4	25	1	$5.5×10^{-3}$	2.26	HIO_4	25		$2.3×10^{-2}$	1.64
	25	2	$1.7×10^{-7}$	6.76	H_3PO_4	25	1	$6.9×10^{-3}$	2.16
	25	3	$5.1×10^{-12}$	11.29		25	2	$6.23×10^{-8}$	7.21
H_3AsO_3	25		$5.1×10^{-10}$	9.29		25	3	$4.8×10^{-13}$	12.32
H_3BO_3	20		$5.4×10^{-10}$	9.27	H_3PO_3	20	1	$5×10^{-2}$	1.3
H_2CO_3	25	1	$4.5×10^{-7}$	6.35		20	2	$2.0×10^{-7}$	6.70
	25	2	$4.7×10^{-11}$	10.33	$H_4P_2O_7$	25	1	$1.2×10^{-1}$	0.91
H_2CrO_4	25	1	$1.8×10^{-1}$	0.74		25	2	$7.9×10^{-3}$	2.10
	25	2	$3.2×10^{-7}$	6.49		25	3	$2.0×10^{-7}$	6.70
HCN	25		$6.2×10^{-10}$	9.21		25	4	$4.8×10^{-10}$	9.32
HF	25		$6.3×10^{-4}$	3.20	H_2SeO_4	25	2	$2×10^{-2}$	1.7
H_2S	25	1	$8.9×10^{-8}$	7.05	H_2SeO_3	25	1	$2.4×10^{-3}$	2.62
	25	2	$1×10^{-19}$	19		25	2	$4.8×10^{-9}$	8.32
H_2O_2	25	1	$2.4×10^{-12}$	11.62	H_2SiO_3	30	1	$1×10^{-10}$	9.9
$HBrO$	18		$2.8×10^{-9}$	8.55		30	2	$2×10^{-12}$	11.8
$HClO$	25		$2.95×10^{-8}$	7.53	H_2SO_4	25	2	$1.0×10^{-2}$	1.99
HIO	25		$3×10^{-11}$	10.5	H_2SO_3	25	1	$1.4×10^{-2}$	1.85
HIO_3	25		$1.7×10^{-1}$	0.78		25	2	$6×10^{-8}$	7.2
HNO_2	25		$5.6×10^{-4}$	3.25	$HCOOH$	20		$1.77×10^{-4}$	3.75
HAc	25		$1.76×10^{-5}$	4.75	$H_2C_2O_4$	25	1	$5.90×10^{-2}$	1.23
						25	2	$6.40×10^{-5}$	4.19

表 H-2 弱碱的电离常数

碱	$t/℃$	级	K_b	pK_b
$NH_3 \cdot H_2O$	25		1.79×10^{-5}	4.75
*$Be(OH)_2$	25	2	5×10^{-11}	10.30
*$Ca(OH)_2$	25	1	3.74×10^{-3}	2.43
	30	2	4.0×10^{-2}	1.4
NH_2NH_2	20		1.2×10^{-6}	5.9
NH_2OH	25		8.71×10^{-9}	8.06
*$Pb(OH)_2$	25		9.6×10^{-4}	3.02
*$AgOH$	25		1.1×10^{-4}	3.96
*$Zn(OH)_2$	25		9.6×10^{-4}	3.02

注：* 摘译自 Weast R. C.，Handbook of Chemistry and Physics，66th Ed. 其余摘译自 Lide D. R.，Handbook of Chemistry and Physics，78th Ed.

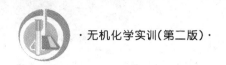

附录 I　常见酸、碱浓度

表 I-1　常见酸、碱浓度

试 剂 名 称	密度 /(g·cm⁻³)	质量分数 /(%)	浓度 /(mol·L⁻¹)	试 剂 名 称	密度 /(g·cm⁻³)	质量分数 /(%)	浓度 /(mol·L⁻¹)
浓氨水	0.91	约28	14.8	氢溴酸	1.38	40	7
稀氨水	1.0	3.5	2	氢碘酸	1.70	57	7.5
氢氧化钙水溶液		0.15		冰醋酸	1.05	99	17.5
氢氧化钡水溶液		2	约0.1	稀醋酸	1.04	30	5
浓氢氧化钠	1.44	约41	约14.4	稀醋酸	1.0	12	2
稀氢氧化钠	1.1	8	2	浓硝酸	1.4	68	16
浓硫酸	1.84	98	18	稀硝酸	1.2	32	6
稀硫酸	1.1	9	2	稀硝酸	1.1	12	2
浓盐酸	1.19	38	12	浓高氯酸	1.67	70	11.6
稀盐酸	1.0	7	2	稀高氯酸	1.12	19	2
浓磷酸	1.7	85	14.7	浓氢氟酸	1.13	40	23
稀磷酸	1.05	9	1				

注:摘自北京师范大学无机化学教研室等.无机化学实验[M].3版.北京:高等教育出版社,2001.

附录J 部分无机化合物在水中的溶解性(20 ℃)

表 J-1 部分无机化合物在水中的溶解性

溶解性（阳离子 / 阴离子）	NO_3^-	SO_4^{2-}	OH^-	Cl^-	S^{2-}	SO_3^{2-}	CO_3^{2-}	SiO_3^{2-}	PO_4^{3-}
H^+	溶、挥	溶		溶、挥	溶、挥	溶、挥	溶、挥	微	溶
NH_4^+	溶	溶	溶、挥	溶	溶	溶	溶	溶	溶
K^+	溶	溶	溶	溶	溶	溶	溶	溶	溶
Na^+	溶	溶	溶	溶	溶	溶	溶	溶	溶
Hg^+	溶	微	—	不	不	不	不	—	不
Ag^+	溶	微	—	不	不	不	不	不	不
Mg^{2+}	溶	溶	不	溶	—	微	微	不	不
Ba^{2+}	溶	不	溶	溶	—	不	—	不	不
Mn^{2+}	溶	溶	不	溶	不	不	不	不	不
Zn^{2+}	溶	溶	不	溶	不	不	不	不	不
Hg^{2+}	溶	溶	—	溶	不	不	不	—	不
Fe^{2+}	溶	溶	不	溶	不	不	不	—	不
Ca^{2+}	溶	微	微	溶	—	不	不	不	不
Sn^{2+}	溶	溶	不	溶	不	—	—	—	不
Pb^{2+}	溶	不	不	微	不	不	不	不	不
Cu^{2+}	溶	溶	不	溶	不	不	不	—	不
Cr^{3+}	溶	溶	不	溶	—	—	—	不	不
Bi^{3+}	溶	溶	不	—	不	不	不	—	不
Fe^{3+}	溶	溶	不	溶	—	—	不	不	不
Al^{3+}	溶	溶	不	溶	—	—	—	不	不

注:"溶"表示该物质可溶于水,"挥"表示该物质有挥发性,"不"表示该物质不溶于水,"微"表示该物质微溶于水,"—"表示该物质不存在或遇水分解。

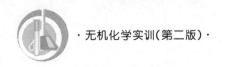

附录 K 常见物质的验证

表 K-1 常见气体的验证

气 体	物 性	方法和现象	反应方程式及说明
H_2	无色、无味、可燃	①不纯氢气点燃,有爆鸣声; ②纯氢气点燃,火焰呈浅蓝色,罩干燥烧杯,内壁有水珠生成	$2H_2 + O_2 \xrightarrow{\text{点燃}} 2H_2O$
O_2	无色、无味	能使余烬木条复燃	氧气能支持燃烧
Cl_2	黄绿色、有刺激性气味、有毒	①使湿润淀粉-碘化钾试纸变蓝; ②使湿润蓝色石蕊试纸先变红后变白	$Cl_2 + 2KI == 2KCl + I_2$,I_2遇淀粉变蓝; $Cl_2 + H_2O == HCl + HClO$,$HClO$具有强氧化性和漂白作用
CO_2	无色、无味、无毒	①使燃着的木条熄灭; ②通入澄清石灰水变混浊,过量又变澄清	$CO_2 + Ca(OH)_2 == CaCO_3 \downarrow + H_2O$ $CaCO_3 + H_2O + CO_2 == Ca(HCO_3)_2$
CO	无色、无味、剧毒	点燃,火焰呈蓝色。罩沾有石灰水液滴的烧杯,液滴变混浊	$2CO + O_2 \xrightarrow{\text{点燃}} 2CO_2$ $CO_2 + Ca(OH)_2 == CaCO_3 \downarrow + H_2O$
NO_2	红棕色、有刺激性气味、有毒	能溶于水,且水溶液能使紫色石蕊试液变红	$3NO_2 + H_2O == NO + 2HNO_3$,$HNO_3$有酸性
NO	无色、有毒	在空气中立即变为红棕色	$2NO + O_2 == 2NO_2$
N_2	无色、无味、无毒	使燃着的木条熄灭	氮气不支持燃烧
SO_2	无色、有刺激性气味、有毒	①通入品红溶液,品红褪色;加热又恢复颜色; ②使澄清石灰水变混浊; ③使酸性高锰酸钾溶液褪色	$SO_2 + H_2O == H_2SO_3$ $SO_2 + Ca(OH)_2 == CaSO_3 + H_2O$

续表

气 体	物 性	方法和现象	反应方程式及说明
HCl	无色、有刺激性气味	①使湿润的蓝色石蕊试纸变红;②靠近蘸有浓氨水的玻璃棒,冒白烟;③通入 $AgNO_3$ 溶液,有白色沉淀生成	$HCl \Longrightarrow H^+ + Cl^-$ $NH_3 + HCl \Longrightarrow NH_4Cl$ $AgNO_3 + HCl \Longrightarrow AgCl\downarrow + HNO_3$
H_2S	无色、有臭鸡蛋气味、有毒	与 $Pb(NO_3)_2$ 溶液、$Pb(Ac)_2$ 溶液、$CuSO_4$ 溶液反应,有黑色沉淀	$Pb^{2+} + 2Ac^- + H_2S \Longrightarrow PbS\downarrow + 2HAc$ $Cu^{2+} + H_2S \Longrightarrow CuS\downarrow + 2H^+$
NH_3	无色、有刺激性气味	①使湿润的红色石蕊试纸变蓝;②靠近蘸有浓盐酸的玻璃棒,冒白烟	$NH_3 + H_2O \Longrightarrow NH_3 \cdot H_2O \Longrightarrow NH_4^+ + OH^-$ $NH_3 + HCl \Longrightarrow NH_4Cl$

表 K-2 常见阳离子的验证

离子	方法和现象	化学(离子)方程式及说明
H^+	使紫色石蕊试液变红,湿润蓝色石蕊试纸变红	H^+ 的酸性
NH_4^+	试液中加入强碱($NaOH$),加热,使湿润红色石蕊试纸变蓝	$NH_4^+ + OH^- \xrightarrow{\triangle} NH_3\uparrow + H_2O$ $NH_3 + H_2O \Longrightarrow NH_3 \cdot H_2O \Longrightarrow NH_4^+ + OH^-$
Fe^{3+}	①遇 $KSCN$ 或 NH_4SCN 时,溶液呈血红色;②遇 $NaOH$ 溶液,有红褐色沉淀	$Fe^{3+} + SCN^- \Longrightarrow [Fe(SCN)]^{2+}$ $Fe^{3+} + 3OH^- \Longrightarrow Fe(OH)_3\downarrow$
Fe^{2+}	①遇 $NaOH$ 溶液,生成白色沉淀,沉淀在空气中迅速转化成灰绿色,最后变成红褐色沉淀;②试液中加少量 $KSCN$,无明显变化,再加入氯水,出现血红色	$Fe^{2+} + 2OH^- \Longrightarrow Fe(OH)_2\downarrow$ $4Fe(OH)_2 + O_2 + 2H_2O \Longrightarrow 4Fe(OH)_3\downarrow$ $2Fe^{2+} + Cl_2 \Longrightarrow 2Fe^{3+} + 2Cl^-$ $Fe^{3+} + SCN^- \Longrightarrow [Fe(SCN)]^{2+}$
Mg^{2+}	遇 $NaOH$ 溶液(适量)有白色沉淀生成,当 $NaOH$ 过量时,沉淀不溶解	$Mg^{2+} + 2OH^- \Longrightarrow Mg(OH)_2\downarrow$
Al^{3+}	遇 $NaOH$ 溶液(适量)有白色沉淀生成,当 $NaOH$ 溶液过量时,沉淀溶解	$Al^{3+} + 3OH^- \Longrightarrow Al(OH)_3\downarrow$ $Al(OH)_3 + OH^- \Longrightarrow AlO_2^- + 2H_2O$

离子	方法和现象	化学（离子）方程式及说明
Cu^{2+}	遇 NaOH 溶液，有蓝色沉淀生成，加强热变黑色沉淀	$Cu^{2+}+2OH^-\!=\!=\!=\!Cu(OH)_2\downarrow$ $Cu(OH)_2\xrightarrow{\triangle}CuO+H_2O$
Ba^{2+}	遇稀 H_2SO_4 或硫酸盐溶液，有白色沉淀生成，加稀 HNO_3 溶液，沉淀不溶解	$Ba^{2+}+SO_4^{2-}\!=\!=\!=\!BaSO_4\downarrow$
Ag^+	①加 NaOH 溶液，有白色沉淀生成，此沉淀迅速转变为棕色沉淀，能溶于氨水； ②加稀 HCl 或可溶性氯化物溶液，再加稀 HNO_3 溶液，有白色沉淀生成	$Ag^++OH^-\!=\!=\!=\!AgOH\downarrow$ $2AgOH\!=\!=\!=\!Ag_2O+H_2O$ $AgOH+2NH_3\cdot H_2O\!=\!=\!=\![Ag(NH_3)_2]OH+2H_2O$ $Ag^++Cl^-\!=\!=\!=\!AgCl\downarrow$

注：钠、钾可通过焰色反应来检验，其中，钠的焰色反应呈黄色，钾的焰色反应呈紫色（透过蓝色钴玻璃）。

表 K-3　常见阴离子的验证

离子	方法和现象	化学（或离子）方程式及说明
OH^-	①遇紫色石蕊试液，变蓝色； ②遇酚酞试液，变红色； ③遇湿润红色石蕊试纸，变蓝色	OH^- 碱性
Cl^-	加 $AgNO_3$ 溶液，有白色沉淀生成，再加稀 HNO_3 溶液，沉淀不溶解	$Ag^++Cl^-\!=\!=\!=\!AgCl\downarrow$
Br^-	加 $AgNO_3$ 溶液，有浅黄色沉淀生成，再加稀 HNO_3 溶液，沉淀不溶解	$Ag^++Br^-\!=\!=\!=\!AgBr\downarrow$
I^-	①加 $AgNO_3$ 溶液，有黄色沉淀生成，再加稀 HNO_3 溶液，沉淀不溶解； ②加少量新制氯水、淀粉溶液，溶液显蓝色	$Ag^++I^-\!=\!=\!=\!AgI\downarrow$ $2I^-+Cl_2\!=\!=\!=\!I_2+2Cl^-$ I_2 遇淀粉变蓝
S^{2-}	①加强酸（非氧化性），生成无色、有臭鸡蛋气味的气体； ②遇 $Pb(NO_3)_2$ 或 $PbAc_2$ 试液产生黑色沉淀，遇 $CuSO_4$ 试液产生黑色沉淀	$2H^++S^{2-}\!=\!=\!=\!H_2S\uparrow$ $Pb^{2+}+S^{2-}\!=\!=\!=\!PbS\downarrow$ $Cu^{2+}+S^{2-}\!=\!=\!=\!CuS\downarrow$
SO_4^{2-}	加可溶性钡盐（如 $BaCl_2$ 或者 $Ba(NO_3)_2$），溶液有白色沉淀生成，再加稀 HCl 或稀 HNO_3 溶液，沉淀不溶解	$Ba^{2+}+SO_4^{2-}\!=\!=\!=\!BaSO_4\downarrow$
SO_3^{2-}	加强酸（如 H_2SO_4 或 HCl），把生成的气体通入品红溶液中，品红溶液褪色	$2H^++SO_3^{2-}\!=\!=\!=\!H_2O+SO_2\uparrow$ SO_2 使品红溶液褪色

离子	方法和现象	化学(或离子)方程式及说明
CO_3^{2-}	加稀 HCl 溶液,产生气体通入澄清石灰水中,溶液变混浊	$2H^+ + CO_3^{2-} = H_2O + CO_2 \uparrow$ $CO_2 + Ca(OH)_2 = CaCO_3 \downarrow + H_2O$
NO_3^-	浓缩试液加浓硫酸和铜片后加热,有红棕色气体产生,溶液变成蓝色	$Cu + 4H^+ + 2NO_3^- = Cu^{2+} + 2H_2O + 2NO_2 \uparrow$
PO_4^{3-}	加 $AgNO_3$ 溶液,有黄色沉淀生成,再加稀 HNO_3 溶液,沉淀溶解	$3Ag^+ + PO_4^{3-} = Ag_3PO_4 \downarrow$ Ag_3PO_4 溶于强酸

附录 L 常见物质的俗称

表 L-1 常见物质的俗称

类别	俗 称	主要化学成分	俗 称	主要化学成分
硫酸盐类	皓矾	$ZnSO_4 \cdot 7H_2O$	生石膏	$CaSO_4 \cdot 2H_2O$
	钡餐、重晶石	$BaSO_4$	熟石膏	$CaSO_4 \cdot H_2O$
	绿矾、皂矾、青矾	$FeSO_4 \cdot 7H_2O$	明矾、蓝矾	$CuSO_4 \cdot 5H_2O$
	芒硝、朴硝、皮硝	$Na_2SO_4 \cdot 10H_2O$	莫尔盐	$(NH_4)_2Fe(SO_4)_2 \cdot 6H_2O$
	明矾	$KAl(SO_4)_2 \cdot 12H_2O$		
矿石类	萤石	CaF_2	生石灰	CaO
	光卤石	$KCl \cdot MgCl_2 \cdot 6H_2O$	硼砂	$Na_2B_4O_7 \cdot 10H_2O$
	黄铜矿	$CuFeS_2$	刚玉 (蓝宝石、红宝石)	天然产的无色 Al_2O_3 晶体
	硫铁矿(黄铁矿)	FeS_2	智利硝石	$NaNO_3$
	菱铁矿石	Fe_2CO_3	铝土矿	Al_2O_3
	菱镁矿	$MgCO_3$	高岭土	$Al_2O_3 \cdot 2SiO_2 \cdot 2H_2O$
	大理石 (方解石、石灰石)	$CaCO_3$	高岭石	$Al_2(Si_2O_5)(OH)_4$
	炉甘石	$ZnCO_3$	矾土	$Al_2O_3 \cdot H_2O$、$Al_2O_3 \cdot$ $3H_2O$ 和少量 Fe_2O_3、SiO_2
	赤铁矿	Fe_2O_3	铝热剂	Al 和少量 Fe_2O_3
	磁铁矿	Fe_3O_4	磷矿粉	$Ca_3(PO_4)_2$
	褐铁矿石	$2Fe_2O_3 \cdot 3H_2O$	滑石	$3MgO \cdot 4SiO_2 \cdot H_2O$
	镁铁矿石	Mg_2SiO_4	孔雀石	$CuCO_3 \cdot Cu(OH)_2$
	苏口铁	碳以片状石墨形式存在	白云石	$MgCO_3 \cdot CaCO_3$
	白口铁	碳以 FeC_3 形式存在	冰晶石	Na_3AlF_6
	正长石	$KAlSi_3O_8$	锡石	SnO_2
	石英、脉石	SiO_2	辉铜矿	Cu_2S
气体类	高炉煤气	CO、CO_2 等混合气体	爆鸣气	H_2 和 O_2
	水煤气	CO、H_2	液化石油气	C_3H_8、C_4H_{10}
	天然气(沼气)	CH_4	笑气	N_2O

类别	俗　　称	主要化学成分	俗　　称	主要化学成分
其他	漂白粉	$CaCl_2$ 和 $Ca(ClO)_2$	纯碱(碱面、苏打)	Na_2CO_3
	白垩	$CaCO_3$	王水	HCl 和 HNO_3(体积比 3:1)
	石灰水(熟石灰、消石灰)	$Ca(OH)_2$	水玻璃(泡花碱)	Na_2SiO_3
	足球烯	C_{60}	小苏打	$NaHCO_3$
	铜绿	$Cu_2(OH)_2CO_3$	火碱、烧碱	NaOH
	盐卤	$MgCl_2 \cdot 6H_2O$	大苏打(海波)	$Na_2S_2O_3$
	雌黄	As_2S_3	石棉	$CaO \cdot 3MgO \cdot 4SiO_2$
	雄黄	As_4S_4	砒霜	As_2O_3
	朱砂	HgS	泻盐	$MgSO_4 \cdot 7H_2O$
	波尔多液	$CuSO_4 + Ca(OH)_2$	钛白粉	TiO_2
	重钙	$Ca(H_2PO_4)_2 \cdot 2CaSO_4$	碳铵	NH_4HCO_3
	普钙	$Ca(H_2PO_4)_2$		

附录 M 无机化学实训常用仪器介绍

表 M-1 常用仪器介绍

仪 器	规格及表示法	一般用途	使用方法	注意事项
普通试管 离心试管	试管分为普通试管和离心试管,又分为硬质试管和软质试管。普通试管又有翻口、平口,有支管、无支管,有塞、无塞等之分。 有刻度的按容积(mL)分;无刻度用管口直径(mm)×管长(mm)表示,如硬质试管 10 mm×75 mm	用做少量试剂的反应容器,便于操作、观察,用药量少。也可用于少量气体的收集。 离心试管主要用于沉淀分离	①反应液体不超过试管容积的 1/2,加热时不超过 1/3; ②加热前须擦干试管外壁,加热时应用试管夹夹持; ③加热后不能骤冷; ④加热液体时,管口不要对人,并将试管倾斜与桌面成 45°,同时不断振荡,火焰上端不能超过管内液面; ⑤加热固体时,管口略向下倾斜; ⑥离心试管只能用于水浴加热; ⑦硬质试管可以加热至高温,软质试管在温度急剧变化时易破裂;	①防止振荡液体溅出或受热溢出; ②防止有水滴附着或受热不均匀,使试管破裂,并防止烫手; ③防止液体溅出伤人,扩大加热面防止暴沸; ④增大受热面,避免管口冷凝水流回灼热管底而引起破裂
试管架	试管架有木质、铝制和塑料制等。 有大小不同、形状不一的各种规格	放置试管	⑧一般大试管可直接加热,小试管用水浴加热; ⑨加热后的试管应以试管夹夹好悬放在试管架上	
烧杯	玻璃质。以容积(mL)表示,如硬质烧杯 400 mL。有一般型、高型,有刻度和无刻度之分	①用做反应容器,尤其在反应物较多时使用,易混合均匀; ②用做配制溶液时的容器或简易水浴的盛水器	①反应液体不能超过烧杯容积的 2/3; ②加热时放在石棉网上,使其受热均匀,加热完毕,不能直接置于桌面上,应垫以石棉网	①防止搅动时液体溅出或沸腾时液体溢出; ②防止玻璃受热不均匀而破裂

续表

仪　器	规格及表示法	一般用途	使用方法	注意事项
锥形瓶	以容积（mL）表示,有有塞、无塞、广口、细口和微型之分	①用做反应容器,加热时可避免液体大量蒸发; ②振荡方便,用于滴定操作	同上	同上
酸式滴定管　碱式滴定管	滴定管分酸式、碱式两种,以容积（mL）表示;管身颜色为棕色或无色	用于滴定或量取准确体积的液体	①用前洗净,装液前用预装溶液淋洗三次,溶液流下时管壁不得挂有水珠; ②使用酸式滴定管时,用左手开启旋塞,使用碱式滴定管时用左手轻捏橡皮管内玻璃珠,溶液即可放出,对于碱式滴定管要注意赶尽气泡; ③酸式滴定管旋塞应涂凡士林,碱式滴定管下端橡皮管不能用洗液洗; ④酸式滴定管、碱式滴定管不能对调使用; ⑤酸液放在具有玻璃塞的滴定管中,碱液放在带橡皮管的滴定管中,活塞下部要充满液体,全管不得留有气泡; ⑥滴定管用后应立即洗净	①保证溶液浓度不变; ②防止将旋塞拉出而漏液,便于操作,赶出气泡是为读数准确; ③旋塞旋转灵活,洗液腐蚀橡皮; ④酸液腐蚀橡皮,碱液腐蚀玻璃,使旋塞粘连而损坏
量筒	玻璃质。规格以刻度所能量度最大体积（mL）表示	用于量度一定体积的液体	应竖直放在桌面上,读数时,视线应和液面水平,读取与弯液面相切的刻度	不能量热的液体,不能用做反应容器

仪 器	规格及表示法	一般用途	使用方法	注意事项
干燥器	以内径(cm)表示,分普通、真空干燥器两种	①内放干燥剂,存放物品,以免物品吸收水汽; ②定量分析时,将灼烧过的坩埚放在其中冷却	灼烧过的物品放入干燥器前,温度不能过高,并在冷却过程中要每隔一定时间开一开盖子,以调节器内压力	①干燥器内的干燥剂要按时更换; ②小心盖子滑动而打破
表面皿	以口径(cm)表示	①用来盖在蒸发皿、烧杯等容器上,以免溶液溅出或灰尘落入; ②作为称量试剂的容器	①作盖用时,其直径应比被盖容器略大; ②用于称量时,应先洗净烘干	①不能用火直接加热; ②防止破裂
蒸发皿	瓷质。以上口直径(cm)或容积(mL)表示。也有石英、铂制品,有平底、圆底两种	①作为反应容器; ②用于灼烧固体; ③因口大底浅,蒸发速度快,用于蒸发、浓缩溶液,根据液体性质不同可选用不同质地的蒸发皿	①耐高温,蒸发溶液时放在石棉网上,也可直接用火烧; ②注意不要碰碎,高温时不要用冷水冲洗	受热均匀,防止破裂
坩埚	瓷质,也有石墨、石英、氧化锆、铁、镍和铂质的。以容积(mL)表示	耐高温,灼烧固体用。根据固体的性质可选用不同质地的坩埚	①灼烧时放在泥三角上,直接用火烧,先小火预热,再大火灼烧; ②加热时,要用坩埚钳夹取(高温时,坩埚钳需预热); ③不要用冷水冷却灼热的坩埚,以免炸裂	①瓷质,耐高温; ②灼热时,不要用手去摸,也不要放在桌面上,以免烧坏桌面(应放在石棉网上)

续表

仪　器	规格及表示法	一般用途	使用方法	注意事项
水浴锅	铜或铝制品	用于水浴加热,也可用于粗略控温实训	①选择好圈环,使加热器皿没于锅中 2/3; ②使加热物品受热均匀; ③使用完毕,将锅内剩余水倒出,并擦干	①经常补充水,防止锅内水烧干,损坏锅体; ②防止将水浴锅烧坏; ③防止锈蚀
三脚架	铁制品,有大小、高低之分	承载仪器,放置较大或较重的加热容器	①先放石棉网,再放加热容器(水浴锅除外),使加热容器受热均匀; ②一般用氧化焰加热,使加热温度高	不要拿刚加热过的三脚架,也不能摔落在地,以免断裂
石棉网	用铁丝编成,中间涂有石棉,有大小之分。 规格以铁网边长(cm)表示,如 16 cm × 16 cm、23 cm × 23 cm等	加热玻璃反应容器时作为承放物,使加热均匀	①用前检查石棉网是否完好,石棉脱落的不能使用; ②不能卷折; ③不要把石棉网浸水,以免铁丝锈坏; ④爱护石棉,不要损坏; ⑤因石棉致癌,国外已用高温陶瓷代替	石棉松脆,易损坏
研钵	瓷质,也有铁、玻璃、玛瑙制的。以钵口直径(mm)表示	①用于研磨固体; ②用于混合固体物质; ③根据固体的性质和硬度选用不同质的研钵	①放入量不能超过容积的 1/3; ②易爆物质只能轻轻压碎,不能研磨; ③大块物质只能压碎,不能舂碎; ④不能用火直接加热; ⑤不能作为反应容器	①防止研磨时将物质甩出; ②防止爆炸; ③防止击碎研钵和杵

仪　器	规格及表示法	一般用途	使用方法	注意事项
直形冷凝管　空气冷凝管 球形冷凝管 蛇形冷凝管	以外套管长(cm)表示,分直形、球形、蛇形冷凝管几种	①蒸馏操作中用于冷凝; ②球形冷凝管冷却面积大,适用于各种沸点的液体的加热回流; ③直形、空气冷凝管用于蒸馏,沸点低于140 ℃的物质用直形冷凝管,高于140 ℃的用空气冷凝管; ④蛇形冷凝管用于回流,适用于沸点较低的液体	①装配仪器时,先装冷却水橡皮管,再装仪器; ②套管的下面支管进水,上面支管出水,开冷却水时需缓慢进行,水流不能太大	进水口和出水口不要装反
点滴板	透明玻璃质、瓷质。上釉瓷板,分白、黑两种。 按凹穴的多少分有四穴、六穴、十二穴等	用做同时进行多个不需分离的少量沉淀反应的容器,进行点滴反应,观察沉淀生成和颜色变化	将实训药品点滴在凹穴处	①不能加热; ②不能用于含氢氟酸溶液和浓碱液的反应

续表

仪　器	规格及表示法	一般用途	使用方法	注意事项
药匙	以大小表示，有瓷骨、牛角、塑料制的。不锈钢匙用不锈钢打制而成。有长、短各种规格	取固体试剂	①取用一种药品后，必须洗净擦干才能取另一种药品，取少量固体时用小的一端；②药匙大小的选择，应以取到试剂后能放进容器口为宜；③不能用以取用灼热的药品	避免沾污试剂，以及发生事故
铁夹(烧瓶夹) 铁圈 铁架台	铁架台以高度(cm)表示；铁圈以直径(cm)表示；铁夹又称自由夹，以大小表示，有双钳、三钳、四钳之分。铁圈、铁夹也可以由十字夹加圈或夹组成。也有铝制的自由夹	①固定反应容器；②铁圈可代替漏斗架	①不可用铁夹或铁圈敲打其他硬物，以免折断；②应先将铁夹等固定在合适的高度，并旋紧螺丝，使之牢固后再进行实训；③固定仪器在铁架台上时，仪器和铁架台的重心应位于铁架台底盘的中心上方	①避免断裂；②过松易脱落，过紧可能夹破仪器；③防止翻倒
试管刷	以大小和用途表示，如试管刷、滴定管刷等	洗仪器及试管	使用前检查顶部竖毛是否完整，洗试管时，要把前面的毛捏住放入试管	避免洗不到仪器顶端，或铁丝顶端将试管底戳破
试管夹	木质、钢丝或塑料制。形状各有不同	①加热试管时用于固定试管；②夹持试管	①夹在试管上部；②要从试管底部套上或取下试管夹，不要把拇指按在夹的短柄上；③不要被火烧坏；④防止烧损和锈蚀	①便于摇动试管，避免烧焦夹子；②避免试管脱落

仪　器	规格及表示法	一般用途	使用方法	注意事项
泥三角	用铁丝弯成，套以瓷管。以大小区分	①坩埚加热时作为承放物；②小蒸发皿加热时也可使用	①灼热的泥三角不要滴上冷水，以免瓷管破裂；②坩埚放置要正确，坩埚底应横着斜放在三个瓷管中的一个瓷管上；③铁丝已断裂的不能使用；④选择泥三角时，要使搁在其上的坩埚所露出的上部，不超过本身高度的1/3	①避免损坏；②灼烧得快；③铁丝断裂，灼烧时坩埚放置不稳而易脱落
坩埚钳	铁或铜合金制，表面常镀铬。有长短不一的各种规格。习惯上以长度(cm)表示	夹持坩埚加热，或往热源(煤气灯、电炉、马弗炉)中取、放坩埚。加热坩埚时，夹取坩埚或坩埚盖用	①使用时必须用干净的坩埚钳；②用坩埚钳夹取灼热的坩埚时，必须将钳尖先预热，以免坩埚因局部冷却而破裂，用后钳尖应向上放在桌面或石棉网上；③实训完毕后，应将坩埚钳擦干净，放入实训柜中，干燥放置	①防止弄脏坩埚中的药品；②保证坩埚钳尖端洁净，并防止烫坏实训台；③防止坩埚钳锈蚀
碘量瓶	玻璃质。瓶塞、瓶颈部为磨砂玻璃。规格以容积(mL)表示	用做碘的定量反应的容器	瓶塞与瓶配套使用	不能加热
称量瓶	玻璃质。分高瓶和矮瓶	准确称取一定量的固体样品	盖与瓶配套，不能互换	不能加热

续表

仪　器	规格及表示法	一般用途	使用方法	注意事项
漏斗　长颈漏斗	玻璃质或搪瓷质。分长颈、短颈。以斗径（mm）表示	用于过滤操作以及倾注液体。长颈漏斗特别适用于定量分析中的过滤操作	①过滤时，漏斗颈尖端必须紧靠承接滤液的容器内壁；②长颈漏斗用于加液时，漏斗颈应插至液面下	不能用火直接加热，以免损坏
砂芯漏斗	砂芯漏斗又称烧结漏斗、细菌漏斗。漏斗为玻璃质，砂芯滤板为烧结陶瓷。其规格以砂芯板孔的平均孔径（μm）和漏斗的容积（mL）表示。	用于细颗粒沉淀以及细菌的分离。也可用于气体洗涤和扩散实训。	①滤纸要略小于布氏漏斗的内径，才能贴紧；②先用蒸馏水润湿滤纸，微开水龙头抽气，使滤纸紧贴在布氏漏斗瓷板上，然后将溶液、沉淀转移到布氏漏斗中过滤；③用后应及时洗涤，以防滤渣堵塞滤板孔；④磨口漏斗塞子与漏斗配套使用，不能互换	①不能用于含氢氟酸、浓碱液及活性炭等物质的分离，以免腐蚀、造成微孔堵塞或沾污；②不能用火直接加热
吸滤瓶和布氏漏斗	布氏漏斗为瓷质，规格以容量（mL）或斗径（cm）表示。吸滤瓶为玻璃质，规格以容量（mL）表示。	两者配套，用于晶体或粗颗粒沉淀的减压过滤。		
分液漏斗	分液漏斗为玻璃质。规格以容量（mL）和形状（球形、梨形、筒形、锥形）表示	用于互不相溶的液液分离。也可用于少量气体发生器装置中加液		

143

续表

仪　器	规格及表示法	一般用途	使用方法	注意事项
滴瓶 细口瓶 广口瓶	玻璃质。带磨口塞或滴管，有无色和棕色。规格以容积(mL)表示	滴瓶、细口瓶用于盛放液体药品。广口瓶用于盛放固体药品	瓶塞不能互换。盛放碱液时要用橡皮塞，防止瓶塞被腐蚀粘牢	不能加热
普通圆底烧瓶 磨口圆底烧瓶 蒸馏烧瓶 梨形烧瓶 三口烧瓶	①以容积(mL)表示，有普通型和标准磨口型，磨口的还以磨口标号表示其口径大小，如10、14、19等； ②从形状分，有圆形、茄形、梨形，另外，有细口、厚口、磨口，平底、圆底，长颈、短颈、二口、三口等	①圆底烧瓶，在常温或加热条件下作为反应容器，因圆形受热面积大，耐压大； ②平底烧瓶，用于配制溶液或代替圆底烧瓶，还可用做洗瓶，它不耐压，不能用于减压蒸馏； ③梨形烧瓶，多用于旋转蒸发； ④三口烧瓶，用于需要搅拌的实训，中间装搅拌器，两边插温度计、加料管或滴液漏斗、冷凝管等； ⑤蒸馏烧瓶，用于液体蒸馏，也可用做少量气体的发生装置	①盛放液体量不能超过烧瓶容量的2/3，也不能太少； ②固定在铁架台上，下垫石棉网加热，不能直接加热； ③放在桌面上时，下面要有木环或石棉环，以防滚动而摔破	①避免加热时喷溅或破裂 ②避免受热不均匀而破裂

续表

仪　器	规格及表示法	一般用途	使用方法	注意事项
容量瓶	玻璃质。规格以刻度以下的容积(mL)表示。有的配以塑料瓶塞	配制准确浓度的溶液	瓶与磨口瓶塞配套使用,不能互换	不能加热,不能用毛刷洗刷
燃烧匙	铁或铜制品	用于检验物质可燃性,进行固气燃烧实训	①放入集气瓶时应由上而下慢慢放入,且不要触及瓶壁;②做硫黄、钾、钠燃烧实训时,应在燃烧匙底垫上少许石棉或沙子;③用后应立即洗净、擦干	①保证充分燃烧,防止集气瓶破裂;②发生反应,腐蚀燃烧匙;③免得腐蚀、损坏匙头
集气瓶	玻璃质。无塞、瓶口面磨砂,并配毛玻璃盖片。规格以容积(mL)表示	用于气体收集或气体燃烧实训	①收集气体;②进行固-气燃烧实训时,瓶底应放少量沙子或水	①不能直接加热;②防止气体逸出
移液管　吸量管	玻璃质。移液管为单刻度,吸量管有分刻度。规格以刻度最大标度(mL)表示	用于精确移取一定体积的液体	①将液体吸入,液面超过刻度时,再用食指按住管口,轻轻转动放气,使液面降至刻度后,用食指按住管口,移往指定容器上方,松开食指,使液体注入;②用时先用滤纸将管尖端内外的水吸去,然后用少量移取液润洗三次;③管内残留的最后一滴液体,不要吹出(完全流出式应吹出)	①不能加热;②用后应洗净,置于吸管架(板)上,以免沾污

参考文献

[1] 中山大学,等. 无机化学实验[M]. 3 版,修订版. 北京:高等教育出版社,2015.

[2] 北京师范大学无机化学教研室,等. 无机化学实验[M]. 3 版. 北京:高等教育出版社,2001.

[3] 马春花. 无机及分析化学实验[M]. 北京:高等教育出版社,1999.

[4] 周锦兰,张开诚. 实验化学[M]. 武汉:华中科技大学出版社,2005.

[5] 张荣. 无机化学实验[M]. 北京:化学工业出版社,2006.

[6] 高职高专化学教材编写组. 无机化学实验[M]. 2 版. 北京:高等教育出版社,1995.

[7] 铁步荣. 无机化学实验[M]. 北京:中国中医药出版社,2006.

[8] 钟彤. 分析化学实验[M]. 大连:大连理工大学出版社,2006.

[9] 张坤玲,胡海波. 物理化学实验[M]. 大连:大连理工大学出版社,2007.

[10] 高职高专化学教材编写组. 无机化学[M]. 2 版. 北京:高等教育出版社,2000.

[11] 南京大学《无机及分析化学实验》编写组. 无机及分析化学实验[M]. 3 版. 北京:高等教育出版社,1998.

[12] 梁均方. 无机化学实验[M]. 广州:广东高等教育出版社,2000.

[13] 南开大学化学系无机化学课程组. 基础无机化学实验[M]. 天津:南开大学出版社,1991.